イモヅル式

ITパスポート

コンパクト演習

第2版

石川敢也 著

インプレス

インプレス情報処理シリーズ購入者限定特典!!

本書の特典は下記サイトにアクセスすることでご利用いただけます。

https://book.impress.co.jp/books/1122101129

特典 スマホで学べる過去問題

本書掲載問題と単語帳「でる語句300」を無料WEBアプリとして提供しております。シンプルなインターフェースでちょっとしたスキマ時間にも取り組みやすくできており，記憶の定着強化に役立ちます。また，試験直前の学習にもおすすめです。

※画面の指示に従って操作してください。
※特典のご利用には，無料の読者会員システム「CLUB Impress」への登録が必要となります。
※本特典のご利用は，書籍をご購入いただいた方に限ります。
※特典WEBアプリの提供期間は本書発売より5年間を予定しています。

インプレスの書籍ホームページ

書籍の新刊や正誤表など最新情報を随時更新しております。

https://book.impress.co.jp/

チャレンジ！ ITパスポート

試験の最新情報や「もっと勉強したい」にお応えするコンテンツを提供しております。
https://shikaku.impress.co.jp/ip/

- 本書は，ITパスポート試験対策用の教材です。著者，株式会社インプレスは，本書の使用による合格を保証するものではありません。
- 本書の内容については正確な記述につとめましたが，著者，株式会社インプレスは本書の内容に基づくいかなる試験の結果にも一切責任を負いかねますので，あらかじめご了承ください。
- 本書の試験問題は，独立行政法人 情報処理推進機構の情報処理技術者試験センターが公開している情報に基づいて作成しています。

はじめに

新しいことを学び，試験の合格を目指すときには，日々の継続した学習が欠かせません。しかし，毎日のように勉強のため机に向かうのは，とても大変なことでもあります。「さぁ，今から勉強するんだ！」という気合いも大事ですが，ちょっとした空き時間を有効に使う要領のよさも大切です。

まずは試しに，今，手にしているこの小さな本を，ポケットやカバンなどに入れ，どこへでも連れ出してみてください。また，家にいるときは，できるだけそばに置いておいてみてください。

そして，ちょっとした空き時間ができたら，本を取り出してみましょう。本を手に取ったら，この本の特長である“サクッと”した解説を１ページだけでも読んでみてください。もし気になるテーマを見つけたら，“イモヅル式”に次のページに進んでみましょう。それぞれのページにできるだけ関連性を持たせ，類似するテーマや関連する用語を理解しやすく工夫していることも，この本の特長のひとつです。

「学習が思うように進んでいないかもしれない」「覚えたことを忘れてしまったかもしれない」などと不安になったときは，この本のもうひとつの特長である“イモヅル復習問題”のページを開いてみましょう。そこに見覚えのある用語や解説が少しでもあれば，一歩ずつでも確実に合格に近づいていることの証になります。

ITパスポート試験の最新の出題傾向を分析し，過去の出題をもとに重要なポイントをコンパクトに解説したこの本が，読者の皆さんの貴重な時間を活かし，知識の整理と学習の継続に役立てられると信じています。そして，この本を手にした皆さんが，目標とするITパスポート試験に合格することはもちろん，情報処理技術者試験の資格取得者として，自信を持って社会で活躍されることを願って止みません。

石川 敢也

本書の構成

本書は，頻出問題とその解説で構成したITパスポート試験の対策書です。重要事項が隠せる**赤シート付き**のほか，次のような記憶に残りやすい**「イモヅル式」の仕掛け**が施されています。本書の問題を解き，イモヅルをたぐり寄せるように関連事項を参照しながら学習することで，その終端にある「合格」を勝ち取りましょう。

- **関連性の高い問題が近接配置**されているので，記憶に残りやすく**短時間で効果的な学習**ができる。
- 相互に関連付けられた重要事項が1ページ内に**まとめて解説**され，幅広い知識が体系的に身につく。
- 多くの問題から**復習問題を参照**でき，知識の定着に役立つ。

A 問題のカテゴリ。

B 出題頻度。★★★が最頻出。

C 解答や知識定着に有用な内容を強調。

D 過去問題から頻出の問題を厳選。

E 問題を素早く解くための即効解説。

F 問題を理解し，関連する知識を体系的に身につける詳細解説。

G 赤シートで隠したり関連問題を参照したりして覚えられる。

H さらに知識を深めたい重要事項の解説。

I 復習のために参照するとよい問題。

J 正解の選択肢。

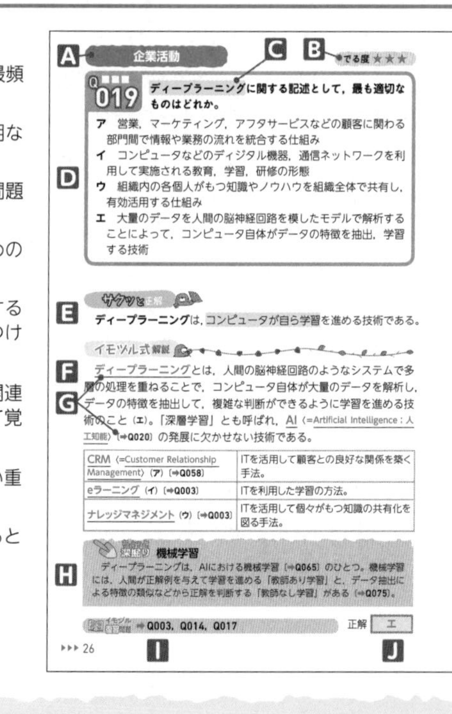

A 企業活動　C　B でる度★★★

Q019 ディープラーニングに関する記述として，最も適切なものはどれか。

D
ア　営業，マーケティング，アフタサービスなどの顧客に関わる部門間で情報や業務の流れを統合する仕組み
イ　コンピュータなどのディジタル機器，通信ネットワークを利用して実施される教育，学習，研修の形態
ウ　組織内の各個人がもつ知識やノウハウを組織全体で共有し，有効活用する仕組み
エ　大量のデータを人間の脳神経回路を模したモデルで解析することによって，コンピュータ自体がデータの特徴を抽出，学習する技術

E サクッと正解
ディープラーニングは，コンピュータが自ら学習を進める技術である。

F イモヅル式解説
ディープラーニングとは，人間の脳神経回路のようなシステムで多層の処理を重ねることで，コンピュータ自体が大量のデータを解析し，データの特徴を抽出して，複雑な判断ができるように学習を進める技術のこと（エ）。「深層学習」とも呼ばれ，AI〈=Artificial Intelligence：人工知能〉〔⇒Q020〕の発展に欠かせない技術である。
G

CRM〈=Customer Relationship Management〉（ア）〔⇒Q058〕	ITを活用して顧客との良好な関係を築く手法。
eラーニング（イ）〔⇒Q003〕	ITを利用した学習の方法。
ナレッジマネジメント（ウ）〔⇒Q003〕	ITを活用して個々がもつ知識の共有化を図る手法。

H 深掘り　機械学習
ディープラーニングは，AIにおける機械学習〔⇒Q065〕のひとつ。機械学習には，人間が正解例を与えて学習を進める「教師あり学習」と，データ抽出による特徴の類似などから正解を判断する「教師なし学習」がある〔⇒Q075〕。

イモヅル 復習問題 ⇒Q003，Q014，Q017　正解 エ

▸▸▸26　I　J

ITパスポート試験の概要

ITパスポート試験は，情報処理技術者試験の一試験区分であり，ITを利活用するすべての社会人や，これから社会人となる学生が備えておくべき，ITに関する基礎的な知識が証明できる国家試験です。

※本書に掲載している試験情報は2023年2月現在のものです。試験内容は変更される可能性があるため，試験実施団体のWebサイトで随時確認してください。

●試験内容

受験資格	誰でも受験できる	試験時間	120分
出題数	100問	出題形式	四肢択一式
出題分野	ストラテジ系（経営全般）：35問程度 マネジメント系（IT管理）：20問程度 テクノロジ系（IT技術）：45問程度		
合格基準	次の総合評価点と分野別評価点の両方を満たすこと ○総合評価点：600点以上／ 1,000点（総合評価の満点） ○分野別評価点：それぞれ300点以上 ストラテジ系　300点以上／ 1,000点（分野別評価の満点） マネジメント系300点以上／ 1,000点（分野別評価の満点） テクノロジ系　300点以上／ 1,000点（分野別評価の満点）		
試験方式	CBT（Computer Based Testing）方式 受験者は試験会場に行き、コンピュータに表示された試験問題にマウスやキーボードを用いて解答する		

※総合評価は92問，分野別評価はストラテジ系32問，マネジメント系18問，テクノロジ系42問で行う。残りの8問は今後出題する問題を評価するために使われる。

※身体の不自由等によりCBT方式で受験できない方のために，春期（4月）と秋期（10月）の年2回，筆記試験が実施される。

●問い合わせ

ITパスポート試験 コールセンター

TEL：03-6204-2098（8：00 ～ 19：00 年末年始等の休業日を除く）
メール：call-center@cbt.jitec.ipa.go.jp
Webサイト：https://www3.jitec.ipa.go.jp/JitesCbt/index.html

実施団体：独立行政法人 情報処理推進機構（IPA）

〒113-6591 東京都文京区本駒込2-28-8 文京グリーンコートセンターオフィス（総合受付13階） TEL：03-5978-7620

CONTENTS

第1章

ストラテジ系

第1章では，ストラテジ系の分野を学習する。
ストラテジ（strategy）とは，戦略のこと。ITパスポート試験では，企業活動や法務，経営やシステムの戦略など，ITを有効に活用するために欠かせない基本的な用語や考え方について幅広く出題される。近年では，AI（人工知能），ビッグデータ，IoT（モノのインターネット），あるいは業務を自動化するRPA，「持続可能な開発目標」という意味のSDGsなど，最新の技術や考え方に対応した出題もされている。本章でも取り上げている新しいキーワードをイモヅル式に覚えよう。

企業活動

でる度 ★★★

Q 001

あるオンラインサービスでは，新たに作成したデザインと従来のデザインのWebサイトを実験的に並行稼働し，どちらのWebサイトの利用者がより有料サービスの申込みに至りやすいかを比較，検証した。このとき用いた手法として，最も適切なものはどれか。

ア　A/Bテスト　　**イ**　ABC分析
ウ　クラスタ分析　　**エ**　リグレッションテスト

サクッと正解

AとBの２つのパターンを並行で稼働して成果を検証する効果測定の手法は，**A/Bテスト**である。

イモヅル式解説

A/Bテスト（ア）は，主にディジタルマーケティングで用いられる効果測定の手法の１つ。条件を揃えた２つのパターンを試行し，クリック率や成約率の優劣を検証する。リグレッションテスト（エ）は，ソフトウェア保守にあたり，修正や変更がほかの部分に影響していないことを確認するテストである。退行テストとも呼ばれる。

ABC分析（イ）	優先的に管理すべき対象を明確にするため，パレート図〔➡Q002〕を用いて売上金額などの構成比率を基に重要度のランク付けを行う手法。
クラスタ分析（ウ）	対象の関係性を把握するため，類似性によって集団や群に分類し，その特徴となる要因を分析する手法。
RFM分析	優良顧客を抽出するため，顧客をRecency（最終購買日），Frequency（購買頻度），Monetary（累計購買金額）の3つの項目で購買行動を分析する手法。
3C分析〔➡Q055〕	事業環境の状況を把握するため，顧客（Customer），自社（Company），競合他社（Competitor）の3つの項目で分析する手法。

正解　ア

Q002

コールセンタの顧客サービスレベルを改善するために，顧客から寄せられたコールセンタ対応に関する苦情を分類集計する。苦情の多い順に，件数を棒グラフ，累積百分率を折れ線グラフで表し，対応の優先度を判断するのに適した図はどれか。

ア　PERT図　　**イ**　管理図
ウ　特性要因図　　**エ**　パレート図

サクッと正解

件数の多い順に並べた棒グラフと累積値を示す折れ線グラフで優先度を判断するのに適した図は，**パレート図**である。

イモヅル式解説

パレート図（エ）は，項目別に分けたデータを，件数の多い順に並べた棒グラフで示し，重ねて総件数に対する比率の累積和を折れ線グラフで示した図である。優先的に管理すべき対象を明確化するABC分析〔➡Q001〕などで用いられる。

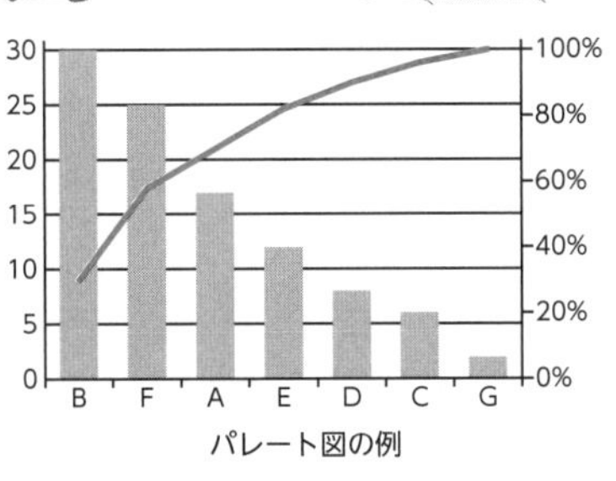

パレート図の例

PERT図（ア）〔➡Q118〕とは，作業を矢線，作業の始点と終点を丸印で示し，それらを順次，左から右へとつないで作業の開始から終了までの流れを表現した図のこと。アローダイアグラムとも呼ばれる。

管理図（イ）〔➡Q111〕	品質を管理するため，品質の状態やばらつきを時系列で表した図。
特性要因図（ウ）〔➡Q111〕	様々な要素の原因と結果の関係を，魚の骨のように配置して表した図。フィッシュボーンチャートともいう。

イモヅル復習問題 ➡Q001　　正解　エ

企業活動

でる度★★★

Q 003

企業の人事機能の向上や，働き方改革を実現することなどを目的として，人事評価や人材採用などの人事関連業務に，AIやIoTといったITを活用する手法を表す用語として，最も適切なものはどれか。

ア e-ラーニング　**イ** FinTech
ウ HRTech　**エ** コンピテンシ

サクッと正解

人事や労務などの分野でITを活用する手法は，**HRTech**である。

イモヅル式解説

HRTech（ウ）は，**HR**〈=Human Resources；人事〉と**技術**〈=Technology〉を組み合わせた造語。人事管理や労務管理，福利厚生，人材開発などの**人的資源**に関わる分野において，AIやIoT 〔➡Q072〕，データサイエンスなどのITを活用して効率化・最適化を図る手法である。

FinTech（イ）	金融〈=Finance〉と技術〈=Technology〉を組み合わせた造語。金融サービスの分野でITを活用して革新を図ること。
e-ラーニング（ア）	ITを活用して学習を行う教育の形態。
アダプティブラーニング	ITの活用により，学習者の学習履歴を蓄積，解析し，一人ひとりの学習の進度や理解度に応じて最適なコンテンツを提供して，学習効率と学習効果を高める手法。
ナレッジマネジメント	ITの活用により，個人がもつ知識や経験などの知的資産を共有し，創造的な仕事につなげていく手法。
コンピテンシ（エ）	成果を上げている従業員の**行動特性**。分析結果を人材活用などに用いる。

正解　ウ

企業活動

でる度 ★★☆

Q 004 図によって表される企業の組織形態はどれか。

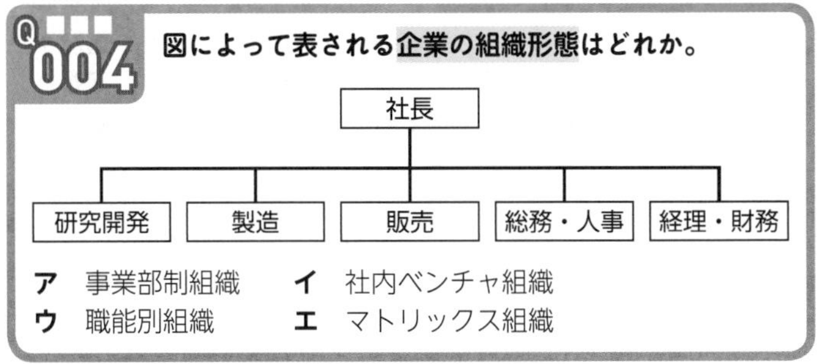

ア 事業部制組織　　**イ** 社内ベンチャ組織
ウ 職能別組織　　**エ** マトリックス組織

サクッと正解

業務内容に沿って編成された組織を**職能別組織**という。

イモヅル式解説

組織の編成方法には，設問の**職能別**組織（**ウ**）のほかにも，様々な考え方や方法論がある。

試験に出る企業の組織形態をまとめて覚えよう。

職能別組織	製造や販売など業務内容での編成方法。
事業部制組織（**ア**）	製品や地域など事業単位での編成方法。
カンパニ制組織	事業部を分社化して独立性を高めた編成方法。
プロジェクト組織	特定の目的のための一時的な編成方法。
マトリックス組織（**エ**）	1人が複数の指揮命令系統に属する編成方法。
フラット型組織	迅速な意思決定のために，組織の階層をできるだけ少なくした編成方法。
社内ベンチャ組織（**イ**）	企業内にあって独立企業のように新規事業を実施できる編成方法。

ちょっと深掘り　ベンチャ

ベンチャ（Venture）とは，革新的な技術や独自のスキルなどを活かして新規事業に取り組むこと。組織を離れて独立・起業する場合と，企業に所属したまま新規事業を推進する「社内ベンチャ」の場合とがある。

正解　**ウ**

でる度★★★

Q005

複数の企業が，研究開発を共同で行って新しい事業を展開したいと思っている。共同出資によって，新しい会社を組織する形態として，適切なものはどれか。

ア M&A　　**イ** クロスライセンス
ウ ジョイントベンチャ　　**エ** スピンオフ

サクッと正解

複数の企業が協力して新規事業を立ち上げるのは，**ジョイントベンチャ**である。

イモヅル式解説

ジョイントベンチャ（ウ）は，複数の企業が**共同出資**により１つの企業を運営すること，あるいは共同出資で設立された企業の組織形態を指す用語である。ジョイントベンチャにより，参加企業がもつ知識や技術，専門性などを活用できる。また，２社以上の企業が資金を提供することで，**１社あたりのリスクが低い**ことなどの利点がある。

M&A（ア）	企業の合併（Mergers）や買収（Acquisitions）を行うことで，相手企業の支配権を取得する手法。
MBO〈=Management BuyOut〉	経営陣が既存株主から自社の株式を買い取り，その企業のオーナーとして経営する手法。
BPO〈=Business Process Outsourcing〉〔➡Q011〕	自社業務の一部において，企画から設計，実施，評価，改善などを一括して外部事業者に委託する手法。
クロスライセンス（イ）	企業が保有する特許などの実施権を相互に許諾し，外部技術を導入する手法。
アライアンス	企業が保有する経営資源を補完することを目的とした，企業間での事業の連携，提携や協調行動。
スピンオフ（エ）	企業内における事業部門の一部を切り離して独立させる手法。
インキュベーション	新規事業や新規組織に資金や設備，人材，ノウハウなどを提供し，育成を促す手法。

イモヅル復習問題 ➡Q004

正解 ウ

でる度★★☆

Q 006 **企業経営に携わる役職の一つであるCFOが責任をもつ対象はどれか。**

ア 技術　**イ** 財務　**ウ** 情報　**エ** 人事

サクッと正解

CFOとは，最高財務責任者のこと。

イモヅル式解説

CFOは，組織における財務（イ）について責任をもつ役職である。試験に出る「C～O」をまとめて覚えよう。

CFO〈=Chief Financial Officer〉	最高財務責任者。財務に関連する業務を統括する。
CEO〈=Chief Executive Officer〉	最高経営責任者。全社を統括する。
COO〈=Chief Operating Officer〉	最高執行責任者。CEOの決定した方針や戦略などを実践する。
CMO〈=Chief Marketing Officer〉	最高マーケティング責任者。全社的なマーケティング業務を統括する。
CIO〈=Chief Information Officer〉（ウ）	最高情報責任者。経営戦略に基づく情報戦略を統括する。
CISO〈=Chief Information Security Officer〉	最高情報セキュリティ責任者。個人情報保護などを含むセキュリティ対策全般を統括する。
CTO〈=Chief Technology Officer〉（ア）	最高技術責任者。全社的な技術戦略や研究開発などを統括する。
CHO（CHRO）〈=Chief Human resource Officer〉（エ）	最高人事責任者。人事に関連する業務を統括する。

ちょっと深掘り CIO

情報処理技術者試験でCIO〈=Chief Information Officer〉といえば最高情報責任者であるが，場面によってはCIOを「Chief Investment Officer」として，投資に関して責任をもつ最高投資責任者と解釈する場合もある。

正解 イ

でる度★★★

Q 007

地震，洪水といった自然災害，テロ行為といった人為災害などによって企業の業務が停止した場合，顧客や取引先の業務にも重大な影響を与えることがある。こうした事象の発生を想定して，製造業のX社は次の対策を採ることにした。対策aとbに該当する用語の組合せはどれか。

〔対策〕

a　異なる地域の工場が相互の生産ラインをバックアップするプロセスを準備する。

b　準備したプロセスへの切換えがスムーズに行えるように，定期的にプロセスの試験運用と見直しを行う。

	a	b
ア	BCP	BCM
イ	BCP	SCM
ウ	BPR	BCM
エ	BPR	SCM

サクッと正解

まず**BCP＝事業継続計画**を策定し，次に**BCM＝事業継続管理**を推進。

イモヅル式解説

BCP〈=Business Continuity Plan〉	事業継続計画。情報システムに障害が発生した場合でも，企業活動の継続を可能にするために，あらかじめ策定したプラン。
BCM〈=Business Continuity Management〉	事業継続管理。BCPを実施するための運用方法や再検討の手順などをマネジメントする手法。

プロセスを策定しているaがBCPに該当し，プロセスの運用と見直しを行うbがBCMに該当する（ア）。

正解　ア

企業活動

でる度 ★★★

Q 008

小売業A社は，自社の流通センタ近隣の小学校において，食料品の一般的な流通プロセスを分かりやすく説明する活動を行っている。A社のこの活動の背景にある考え方はどれか。

ア CSR
イ アライアンス
ウ コアコンピタンス
エ コーポレートガバナンス

サクッと正解

企業が，利益の追求だけではなく，社会的責任を果たそうとする考え方は，**CSR**である。

イモヅル式解説

CSR〈=Corporate Social Responsibility〉（**ア**）は，企業活動において経済的な成長だけではなく，環境問題や社会からの要請に対して責任を果たすことが，企業価値の向上につながるという考え方である。

企業は，目の前にある自社の利益だけを追求するのではなく，社会や地域の一員として責任ある行動をとらなければならないと考える。そうすることでコーポレートブランドも高まり，長い目で見れば自社の利益にも貢献すると考えられる。

近隣の小学校において，流通プロセスを説明する社会見学のような取組みに企業が協力することはCSRの概念に基づいているといえる。そのほかの選択肢もまとめて覚えよう。

アライアンス（**イ**）〔➡**Q005**〕	各企業の保有する経営資源を補完することを目的とした，企業間での事業の連携・提携や協調行動。
コアコンピタンス（**ウ**）〔➡**Q053**〕	他社が簡単にまねできない独自の優れたスキルや技術。
コーポレートガバナンス（**エ**）〔➡**Q009**〕	経営者の規律や重要事項に対する透明性の確保，利害関係者の役割と権利の保護など，企業活動の健全性を維持する枠組みのこと。「企業統治」とも呼ばれる。

イモヅル復習問題 ➡ Q005

正解 **ア**

でる度★★☆

Q009

コーポレートガバナンスに基づく統制を評価する対象として，最も適切なものはどれか。

ア 執行役員の業務成績
イ 全社員の勤務時間
ウ 当該企業の法人株主である企業における財務の健全性
エ 取締役会の実効性

サクッと正解

コーポレートガバナンスとは，企業統治のこと。

イモヅル式解説

コーポレートガバナンスは，企業の統制が保たれ，適切に経営されているかを監視・評価する取組みで，「企業統治」とも呼ばれる。

選択肢の中で，企業の統制の在り方に直接影響を及ぼすのは取締役会の実効性（**エ**）だけである。また，取締役会では組織全体としての実効性に関する分析をしたり，評価を行ったりすることで，機能向上を図るべきという指針がある。

執行役員の業務成績（**ア**），社員の勤務時間（**イ**），財務の健全性（**ウ**）などは，コーポレートガバナンスとは直接関係がない。

ガバナンスに関係するキーワードをまとめて覚えよう。

ITガバナンス 〔➡**Q139**〕	企業活動の目的を達成するために，業務とITを活用したシステムの最適化を目指す仕組み。
内部統制 〔➡**Q137**〕	業務の有効性及び効率性，財務報告の信頼性，法令の遵守などを高めるためのプロセス。
IT統制	情報システムに対する内部統制。ITに関わる全般統制や業務処理統制などに分類される。
コンプライアンス 〔➡**Q010**〕	法令などを遵守し，企業倫理に反することのない活動をすること。

イモヅル復習問題 ➡ **Q008**

正解 **エ**

Q010

コンプライアンスに関する事例として，最も適切なものはどれか。

ア　為替の大幅な変動によって，多額の損失が発生した。
イ　規制緩和による市場参入者の増加によって，市場シェアを失った。
ウ　原材料の高騰によって，限界利益が大幅に減少した。
エ　品質データの改ざんの発覚によって，当該商品のリコールが発生した。

サクッと正解

コンプライアンスとは，法令と倫理を遵守すること。

イモヅル式解説

コンプライアンスは，企業倫理に基づき，ルール，マニュアル，チェックシステムなどを整備し，**法令**や**社会規範**を遵守することである。不正行為である品質データの改ざんが発覚したことによって，その商品を回収するリコールが発生したこと（**エ**）は，コンプライアンスに反することを行った結果であるといえる。

為替での多額の損失（**ア**），競合参入によるシェアの低下（**イ**），売上高から変動費を引いた限界利益の減少（**ウ**）などは，コンプライアンスとは直接関係がない。

関連するキーワードをまとめて覚えよう。

アカウンタビリティ	利害関係者への経営活動の内容・実績などに関する説明責任。
ディスクロージャ	投資家やアナリストに対し，投資判断に必要とされる正確な情報を，適時に継続して提供する活動。
職務分掌〔➡Q136〕	仕事の役割分担や権限などを明確にすること。
グリーンIT〔➡Q129〕	情報通信機器の省エネや資源の有効利用だけではなく，それらの機器を利用することで社会の省エネを推進し，環境を保護していくという考え方。

イモヅル復習問題 ➡Q009

正解　エ

でる度★★☆

Q011

情報システム戦略において定義した目標の達成状況を測定するために，重要な業績評価の指標を示す用語はどれか。

ア BPO　**イ** CSR　**ウ** KPI　**エ** ROA

サクッと正解

目標の達成の鍵（Key）となる重要な業績（Performance）評価の指標（Indicator）は，**KPI**である。

イモヅル式解説

KPI〈=Key Performance Indicator；重要業績評価指標〉（**ウ**）は，目標達成のための手段を評価する指標である。目標達成に至るまでの過程で重要になる中間的な業務の実行状況を評価する役割がある。

KPIに対し，**KGI**〈=Key Goal Indicator；重要目標達成指標〉は，目標が達成できたかどうかを判断する数値である。そのほかの選択肢もまとめて覚えよう。

BPO〈=Business Process Outsourcing〉（**ア**）	自社の一部の業務を外部の事業者に任せる（アウトソーシングする）経営手法。一部の業務を外部に委託することで，本来の業務に資源を集中する。
CSR〈=Corporate Social Responsibility〉（**イ**）〔➡**Q008**〕	企業活動において経済的成長だけではなく，環境や社会からの要請に対して責任を果たすことが，企業価値の向上につながるという考え方。
ROA〈=Return On Assets〉（**エ**）〔➡**Q022**〕	自己資本と，ほかから借りた負債の合計である総資本に対し，どれだけの割合で利益を得たかを示す数値。総資本利益率とも呼ばれる。

ちょっと深掘り CSF

CSF〈=Critical Success Factor；重要成功要因〉とは，目標達成のために重要と考える要素のこと。たとえば，KGIを「10月の国家試験に合格」と設定したとき，KPIは「8月の模擬試験で80％以上の正答」などで，CSFは「過去問を繰り返し学習する」などになる。

イモヅル復習問題 ➡ **Q005**

正解 **ウ**

でる度 ★★☆

Q □□□
012

与信限度額が3,000万円に設定されている取引先の5月31日業務終了時までの全取引が表のとおりであるとき，その時点での取引先の与信の余力は何万円か。ここで，受注分も与信に含めるものとし，満期日前の手形回収は回収とはみなさないものとする。

取引	日付	取引内訳	取引金額	備考
取引①	4/2 5/31	売上計上 現金回収	400万円 400万円	
取引②	4/10 5/10	売上計上 手形回収	300万円 300万円	満期日：6/10
取引③	5/15	売上計上	600万円	
取引④	5/20	受注	200万円	

ア 1,100　**イ** 1,900　**ウ** 2,200　**エ** 2,400

サクッと正解

与信の余力＝与信限度額－未回収の金額

イモヅル式解説

与信限度額とは，売掛債権などの未回収の金額を許容できる限度額のこと。個々の取引先に対して設定される。

設問において，受注した金額も含め，取引先に対する売上の合計は次のとおり。

400万円＋300万円＋600万円＋**200**万円＝**1,500**万円

これに対し，回収済みの金額は**5/31の400**万円である。設問文のとおり，5/10の手形回収は満期日が6/10であり，回収額に**含まれない**。5/31における取引先に対する債権は次のとおり。

売上の合計**1,500**万円－現金回収**400**万円＝1,100万円

与信の余力は，与信限度額からこの1,100万円を差し引いた金額。

与信限度額**3,000**万円－債権1,100万円＝**1,900**万円

正解 **イ**

でる度★★★

Q 013

人口減少や高齢化などを背景に，ICTを活用して，都市や地域の機能やサービスを効率化，高度化し，地域課題の解決や活性化を実現することが試みられている。このような街づくりのソリューションを示す言葉として，最も適切なものはどれか。

ア　キャパシティ
イ　スマートシティ
ウ　ダイバーシティ
エ　ユニバーシティ

サクッと正解

ICTを活用した新しい街づくりは，**スマートシティ**である。

イモヅル式解説

スマートシティ（**イ**）は，様々なモノがネットワークに接続されるIoT〔➡**Q072**〕の技術など，ICT〈＝Information and Communication Technology；情報通信技術〉を街づくりに活用し，生活の質の高い街づくりを実現しようとする考え方である。

設問にあるソリューションは，課題の「解決策」や「解決方法」という意味。

選択肢の「～シティ」をまとめて覚えよう。

スマートシティ	ICTを活用した街づくりのソリューション。
キャパシティ（**ア**）	処理や収容が可能な最大容量のこと。
ダイバーシティ（**ウ**）〔➡**Q014**〕	年齢や性別，国籍や障がいの有無など，性質の異なる群が存在する多様性のこと。
ユニバーシティ（**エ**）	ダイバーシティの対義語で，統一された価値観を表す用語。または複数の学部をもつ総合大学のこと。

正解　**イ**

でる度★★★

Q 014

企業が，異質，多様な人材の能力，経験，価値観を受け入れることによって，組織全体の活性化，価値創造力の向上を図るマネジメント手法はどれか。

ア カスタマーリレーションシップマネジメント
イ ダイバーシティマネジメント
ウ ナレッジマネジメント
エ バリューチェーンマネジメント

サクッと正解

多様性を積極的に活用する取組みは，**ダイバーシティマネジメント**である。

イモヅル式解説

ダイバーシティとは，性別，年齢，人種，国籍，経験など，個人ごとに異なる属性や価値観の多様性を表す用語のこと。ダイバーシティマネジメント（**イ**）は，ダイバーシティを進んで受け入れることで，組織の活性化や，これまで発想できなかった新しい価値の創造などにつなげていこうとするマネジメント手法である。

選択肢の「～マネジメント」をまとめて覚えよう。

ダイバーシティマネジメント	多様性を活かして組織の活性化や，新しい価値の創造につなげる手法。
カスタマーリレーションシップマネジメント〈=Customer Relationship Management；CRM〉（**ア**）〔➡**Q058**〕	ITを活用して顧客との良好な関係を築く手法。
ナレッジマネジメント（**ウ**）〔➡**Q003**〕	ITを活用して個々がもつ知識の共有化を図る手法。
バリューチェーンマネジメント（**エ**）	商品の付加価値が事業活動のどこで生み出されているかを分析し，最適な経営戦略の策定を行う手法。

イモヅル 復習問題 ➡ **Q003，Q013**

正解 イ

でる度★★★

Q015

複数人が集まり，お互いの意見を批判せず，質より量を重視して自由に意見を出し合うことによって，アイディアを創出していく技法はどれか。

ア ブレーンストーミング
イ ベンチマーキング
ウ ロールプレイング
エ ワークデザイン

サクッと正解

新たなひらめきを求め，質より量の意見交換をする手法は，**ブレーンストーミング**である。

イモヅル式解説

ブレーンストーミング（**ア**）は，通常の会議や議論と異なる方針で進行される。①アイディアへの**批判禁止**，②**自由奔放**，③発言の**質より量**，④他人の意見への**結合**や**便乗**も歓迎する，というルールで会議を進めていく創造的な問題解決に適した技法である。

関連する技法をまとめて覚えよう。

ベンチマーキング（**イ**）〔➡**Q053**〕	優れた業績を上げている企業との比較分析から，自社の経営革新を図る経営手法。
インバスケット	一定時間内に数多くの問題を処理させることで，問題の関連性，緊急性，重要性などに対する総合的判断力を高める技法。
ケーススタディ	実際の事例を検討することで知見を得る研究手法。
ロールプレイング（**ウ**）	参加者に特定の役割を演じさせることで，各立場の理解や問題解決力を高める技法。
OJT〈=On-the-Job Training〉	日常の業務の中で先輩や上司が個別に指導し，実体験から知識を習得させる技法。
ワークデザイン（**エ**）	先に理想とするシステムを作り，あとから機能の定義や，製造方法，設備などを具体的に決めていく技法。

正解 ア

でる度★★☆

Q 016

表は，シュウマイ弁当の原材料表の一部である。100個のシュウマイ弁当を製造するために必要な豚肉の量は何グラムか。ここで，このシュウマイ弁当にはシュウマイ以外に豚肉を使う料理は入っていないものとし，製造過程での原材料のロスはないものとする。

製造品	製造量	製造量単位	原材料	原材料量	原材料量単位
シュウマイ弁当	1	個	シュウマイ	5	個
			白飯	300	グラム
			…		
シュウマイ	1	個	シュウマイの皮	1	枚
			シュウマイの具	20	グラム
			…		
シュウマイの具	100	グラム	豚肉	60	グラム
			玉ねぎ	30	グラム
			…		
…					

ア 1,200　**イ** 3,000　**ウ** 6,000　**エ** 30,000

サクッと正解

弁当1個→シュウマイ**5**個→具**100**グラム→豚肉**60**グラムの計算。

イモヅル式解説

設問の表から，①弁当1個に対してシュウマイは**5**個必要，②シュウマイ1個に対して具は**20**グラム必要，③具100グラムに対して豚肉は**60**グラム必要，であることが読み取れる。

②から，シュウマイ5個に対して具は，5個×具**20**グラム＝具**100**グラム，であることがわかる。次に①と③から，弁当1個に相当する具**100**グラムに対する豚肉の量は**60**グラム，であることがわかる。ここから，弁当100個に必要な豚肉の量は，弁当100個×豚肉**60**グラム＝豚肉**6,000**グラム，と計算できる。

正解 **ウ**

でる度 ★★★

Q 017

IoTの事例として，最も適切なものはどれか。

ア オークション会場と会員のPCをインターネットで接続することによって，会員の自宅からでもオークションに参加できる。

イ 社内のサーバ上にあるグループウェアを外部のデータセンタのサーバに移すことによって，社員はインターネット経由でいつでもどこでも利用できる。

ウ 飲み薬の容器にセンサを埋め込むことによって，薬局がインターネット経由で服用履歴を管理し，服薬指導に役立てることができる。

エ 予備校が授業映像をWebサイトで配信することによって，受講者はスマートフォンやPCを用いて，いつでもどこでも授業を受けることができる。

サクッと正解

IoT〈=Internet of Things〉は「モノのインターネット」とも呼ばれる。

イモヅル式解説

IoT〔➡Q072〕とは，モノが直接インターネットにつながって情報をやり取りする仕組みのこと。飲み薬の容器にセンサを埋め込んで服用履歴をインターネットで管理する事例（ウ）が当てはまる。

ライブコマース（ア）	リアルタイムで動画などを配信して商品を紹介し，ショッピングやオークションなどを行う手法。
クラウドコンピューティング（イ）〔➡Q068〕	インターネット上にあるアプリケーションやサーバなどの情報資源を提供する方法。
eラーニング（エ）〔➡Q003〕	ITを利用した学習の方法。

ちょっと深掘り クラウドの違い

クラウドコンピューティング（Cloud Computing）のCloudは「雲」，クラウドファンディング（Crowd Funding）〔➡Q079〕のCrowdは「群集・大衆」の意味。カタカナではどちらも「クラウド」であるが別の言葉である。

イモヅル復習問題 ➡ Q003

正解 ウ

でる度 ★★★

Q 018

A社では，次の条件でeラーニングと集合教育の費用比較を行っている。年間のeラーニングの費用が集合教育の費用と等しくなるときの年間の受講者は何人か。ここで，受講者のキャンセルなど，記載されている条件以外は考慮しないものとする。

〔eラーニングの条件〕

- **費用は年間60万円の固定費と受講者1人当たり2,000円の運用費である。**

〔集合教育の条件〕

- **費用は会場費及び講師代として1回当たり25万円である。**
- **1回当たり50人が受講し，受講者が50人に満たない場合は開催しない。**

ア 100　　イ 150　　ウ 200　　エ 250

サクッと正解

受講者数をxとして**方程式**「$60+0.2x=0.5x$」を解く。

イモヅル式解説

まず，eラーニングの年間の費用を求める計算式を考える。費用の単位を「万円」に揃えておく。

①eラーニングの年間の費用：

固定費60万円＋1人当たり0.2万円×受講者数

次に，集合教育の年間の費用を求める計算式を考える。

受講者1人当たりの費用は，

1回当たり25万円÷1回当たりの受講者数50人＝0.5万円なので，

②集合教育の年間の費用：0.5万円×受講者数

最後に，計算式①と②が等しくなる受講者数xを求める。

①60万円＋0.2万円×受講者数x＝②0.5万円×受講者数x

「万円」などの文字を取り去ると，$60+0.2x=0.5x$

$60=0.3x \quad \therefore x=200$

イモヅル復習問題 ➡ Q017

正解 ウ

でる度★★★

Q019

ディープラーニングに関する記述として，最も適切なものはどれか。

ア　営業，マーケティング，アフタサービスなどの顧客に関わる部門間で情報や業務の流れを統合する仕組み

イ　コンピュータなどのディジタル機器，通信ネットワークを利用して実施される教育，学習，研修の形態

ウ　組織内の各個人がもつ知識やノウハウを組織全体で共有し，有効活用する仕組み

エ　大量のデータを人間の脳神経回路を模したモデルで解析することによって，コンピュータ自体がデータの特徴を抽出，学習する技術

サクッと正解

ディープラーニングは，コンピュータが自ら学習を進める技術である。

イモヅル式解説

ディープラーニングとは，人間の脳神経回路のようなシステムで多層の処理を重ねることで，コンピュータ自体が大量のデータを解析し，データの特徴を抽出して，複雑な判断ができるように学習を進める技術のこと（**エ**）。「深層学習」とも呼ばれ，AI〈=Artificial Intelligence；人工知能〉〔➡**Q020**〕の発展に欠かせない技術である。

CRM〈=Customer Relationship Management〉（**ア**）〔➡**Q058**〕	ITを活用して顧客との良好な関係を築く手法。
eラーニング（**イ**）〔➡**Q003**〕	ITを利用した学習の方法。
ナレッジマネジメント（**ウ**）〔➡**Q003**〕	ITを活用して個々がもつ知識の共有化を図る手法。

機械学習

ディープラーニングは，AIにおける機械学習〔➡**Q065**〕のひとつ。機械学習には，人間が正解例を与えて学習を進める「教師あり学習」と，データ抽出による特徴の類似などから正解を判断する「教師なし学習」がある〔➡**Q075**〕。

イモヅル復習問題 ➡ Q003，Q014，Q017

正解　**エ**

Q020 **人工知能の活用事例として，最も適切なものはどれか。**

ア　運転手が関与せずに，自動車の加速，操縦，制動の全てをシステムが行う。
イ　オフィスの自席にいながら，会議室やトイレの空き状況がリアルタイムに分かる。
ウ　銀行のような中央管理者を置かなくても，分散型の合意形成技術によって，取引の承認を行う。
エ　自宅のPCから事前に入力し，窓口に行かなくても自動で振替や振込を行う。

サクッと正解

人工知能（AI） とは，人間が知能を使って行う様々な活動を，コンピュータが行う仕組みのこと。

イモヅル式解説

人工知能（Artificial Intelligence；AI） は，コンピュータを使い，人間のように学習したり，自ら推論して判断したりするなど，人間の知能のような機能を再現しようとする仕組みである。

車の運転では，標識や道路，ほかの車の位置などを**ディープラーニング**によって学習し，自動運転を実現する試みもなされている（**ア**）。

ニューラルネットワーク〔➡Q074〕	人間の脳にみられる特性をコンピュータで再現し，情報の処理や学習などに活用する仕組み。
機械学習〔➡Q065〕	記憶したデータから特定のパターンを見つけ出すなど，人間が自然に行っている学習能力をコンピュータで再現しようとする技術。
エキスパートシステム	特定の分野の専門知識をコンピュータに入力し，入力された知識を用いてコンピュータが推論する技術。
チャットボット〔➡Q131〕	接客やサポート業務など，企業と顧客との双方向の対話を，AIを活用した自動応答機能などで実現するシステム。

イモヅル復習問題 ➡Q019

正解　**ア**

でる度★★★

Q 021

貸借対照表を説明したものはどれか。

ア　一定期間におけるキャッシュフローの状況を活動区分別に表示したもの
イ　一定期間に発生した収益と費用によって会社の経営成績を表示したもの
ウ　会社の純資産の各項目の前期末残高，当期変動額，当期末残高を表示したもの
エ　決算日における会社の財務状態を資産・負債・純資産の区分で表示したもの

サクッと正解

貸借対照表とは，決算日における資産や負債を表す財務諸表のこと。

イモヅル式解説

貸借対照表とは，バランスシート（B/S）とも呼ばれる財務諸表で，たとえば毎年3月31日における資産・負債・純資産を一覧表にして，企業の財務状態を表す書類のこと（**エ**）。

貸借対照表	決算日の資産・負債・純資産を表示したもの。
連結貸借対照表	親会社が，子会社を含めた企業集団の決算日における資産・負債・純資産を表示した連結財務諸表。
損益計算書	一定期間の収益と費用で経営成績を表示したもの（**イ**）。
連結損益計算書	親会社が，子会社を含めた企業集団の一定期間の収益と費用の状態を表示した連結財務諸表。
キャッシュフロー計算書	一定期間の現金の流れ（キャッシュフロー）を表示したもの（**ア**）。
株主資本等変動計算書	純資産における各項目の前期末残高，当期変動額，当期末残高を表示したもの（**ウ**）。
総勘定元帳	すべての取引を勘定科目ごとに借方と貸方に分けて記載した勘定口座を集めた会計帳簿。

正解　**エ**

でる度★★★

Q 022

次の計算式で算出される財務指標はどれか。

$$\frac{\text{当期純利益}}{\text{自己資本}} \times 100$$

ア　ROA
イ　ROE
ウ　自己資本比率
エ　当座比率

ROE＝当期純利益÷自己資本

イモヅル式解説

ROE〈＝Return On Equity；自己資本利益率〉（イ）とは，自己資本に対する当期純利益の割合を示す財務指標である。支払った投資額に対し，どれだけの割合で利益を得たかを示す数値のこと。

自己資本とは，返済義務のない資金のことで，総資本のうち，いつかは返済しなければならない他人資本と区別されるものである。

設問の計算式で「×100」としているのは，利益率をパーセントで表すためである。

そのほかの選択肢もまとめて覚えよう。

ROA〈＝Return On Assets；総資本利益率〉（ア）	ROA＝当期純利益÷総資本 自己資本と，ほかから借りた負債の合計である総資本に対し，どれだけの割合で利益を得たかを示す。
自己資本比率（ウ）	自己資本比率＝自己資本÷総資本 総資本に対する自己資本の割合を示す。
当座比率（エ）	当座比率＝当座資産÷流動負債 現金や手形などの短期の支払い用途である当座資産の流動負債（1年以内に返済が必要な負債）に対する割合を示す。

イモヅル復習問題 ➡Q011

正解　イ

でる度★★★

Q 023

A社のある期の資産，負債及び純資産が次のとおりであるとき，経営の安全性指標の一つで，短期の支払能力を示す流動比率は何%か。

単位　百万円

資産の部		負債の部	
流動資産	3,000	流動負債	1,500
固定資産	4,500	固定負債	4,000
		純資産の部	
		株主資本	2,000

ア　50　　**イ**　100　　**ウ**　150　　**エ**　200

サクッと正解

流動比率＝流動資産÷流動負債

イモヅル式解説

流動比率は，１年以内に現金化できる売掛金や受取手形などの**流動資産の割合**を示す安全性指標であり，次の計算式で求められる。なお**流動負債**とは，１年以内に支払期限を迎える買掛金や支払手形，借入金などの負債のこと。

流動比率（%）＝**流動資産**÷**流動負債**×100

つまり，流動比率が高ければ，短期の支払能力が**高い**と判断できる。問題の貸借対照表にある流動資産は3,000百万円，流動負債は1,500百万円である，これを計算式に当てはめると，A社の流動比率（%）は次のように算出できる。

流動資産3,000÷流動負債**1,500**×100＝**200**（%）

イモヅル復習問題 ➡Q022

正解　エ

でる度 ★★★

Q ■■■ 024

ある商品を表の条件で販売したとき，損益分岐点売上高は何円か。

販売価格	300円／個
変動費	100円／個
固定費	100,000円

ア 150,000　**イ** 200,000
ウ 250,000　**エ** 300,000

サクッと正解

損益分岐点売上高＝固定費÷（1－変動費率）

イモヅル式解説

変動費とは，材料費のように売上高の増減に比例して変動する費用のこと。**固定**費は，家賃のように売上高の増減に関係なく発生する定額の費用である。

損益分岐点売上高とは，利益も損失もない売上高のことで，これより売上高が高ければ利益となり，低ければ損失となる。

損益分岐点を求めるのに必要な公式は，以下のとおり。

①損益分岐点売上高＝**固定費**÷**（1－変動費率）**
②変動費率＝**変動費**÷**売上高**

まず，設問の表から，変動費率を求めるために②に数字を当てはめていく。

変動費率＝変動費**100**円／個÷販売価格**300**円／個＝**1／3**

次に，損益分岐点を求めるために①に数字を当てはめて計算する。表から固定費は**100,000**円であることが読み取れる。

損益分岐点売上高＝固定費**100,000**円÷（1－変動費率**1／3**）
＝**100,000**円÷**2／3**
＝**150,000**円

正解 **ア**

でる度★★☆

Q025

あるメーカの当期損益の見込みは表のとおりであったが，その後広告宣伝費が5億円，保有株式の受取配当金が3億円増加した。このとき，最終的な営業利益と経常利益はそれぞれ何億円になるか。ここで，広告宣伝費，保有株式の受取配当金以外は全て見込みどおりであったものとする（単位：億円）。

項目	金額
売上高	1,000
売上原価	780
販売費及び一般管理費	130
営業外収益	20
営業外費用	16
特別利益	2
特別損失	1
法人税，住民税及び事業税	50

	営業利益	経常利益
ア	85	92
イ	85	93
ウ	220	92
エ	220	93

サクッと正解

①**営業利益**＝売上高－売上原価－販売費及び一般管理費
②**経常利益**＝営業利益＋営業外収益－営業外費用

イモヅル式解説

設問の表にある数字を当てはめて計算すると，以下のようになる。

(A) 営業利益＝売上高1,000－売上原価780－販売費及び一般管理費130＝90億円

(B) 経常利益＝営業利益90＋営業外収益20－営業外費用16＝94億円

広告宣伝費の5億円は**販売費及び一般管理費**に該当し，受取配当金の3億円は営業活動で得たものではないので**営業外収益**に該当する。

(a) 営業利益＝90億円－**広告宣伝費5億円**＝85億円

(b) 経常利益＝営業利益85億円＋営業外収益20億円＋**受取配当金3億円**－営業外費用16億円＝92億円

イモヅル復習問題 ➡ Q021，Q024

正解 ア

でる度★★★

Q026 著作権法における著作権に関する記述のうち，適切なものはどれか。

ア 偶然に内容が類似している二つの著作物が同時期に創られた場合，著作権は一方の著作者だけに認められる。

イ 著作権は，権利を取得するための申請や登録などの手続が不要である。

ウ 著作権法の保護対象には，技術的思想も含まれる。

エ 著作物は，創作性に加え新規性も兼ね備える必要がある。

サクッと正解

著作権は自然に発生する権利なので，申請や登録などは不要である。

イモヅル式解説

著作権は，著作物を財産として所有したり他人に使用させたりすることのできる権利。著作権は著作物を創造した時点で**自然発生**するので，権利を取得するための申請や登録などの手続きが不要である（**イ**）。もし，偶然に似た内容の著作物があっても，双方に著作権が認められる。これらのことは，申請して認可される手続きが必要な**産業財産権**〔➡**Q028**〕とは異なっている。

著作権の保護範囲は，思想や感情を創作的に表現したものとされているので，まだ表現されていない思想や感情（頭の中で考えただけ，心で思っただけ）では著作物ではなく，保護の対象にはならない。優れた表現でなくても，新規性がなくありふれたものでも，表現されていれば権利が発生して保護対象になる。

ちょっと深掘り 著作権の分類

著作権には，①著作物を活用して収益などを得られる著作財産権，②著作者を関連付ける著作者人格権，③著作物の流通・伝達に重要な役割を果たしている俳優やアーティストなどを保護する権利である著作隣接権，がある。このうち，著作財産権は金銭による譲渡や相続ができるが，著作者人格権は著作者に固有のもので他人に譲り渡すことができない。

正解 **イ**

でる度★★☆

Q027

開発したプログラム及びそれを開発するために用いたアルゴリズムに関して，著作権法による保護範囲の適切な組合せはどれか。

	プログラム	アルゴリズム
ア	保護されない	保護されない
イ	保護されない	保護される
ウ	保護される	保護されない
エ	保護される	保護される

サクッと正解

プログラム言語の考え方，アルゴリズムなどは，**著作権の保護対象外**。

イモヅル式解説

著作権〔➡Q026〕の保護範囲は，思想や感情を**創作的に表現したもの**とされている。つまり，文章や音楽，動画や絵画，プログラム言語の考え方などであり，形になっていないものは，**著作権法**では保護されない。頭の中で考えただけの思想やアイディア，心の中で思っただけの感情などは著作物ではないため，**保護の対象にはならない**のである。

アルゴリズムは，課題を解決するための方法や手順，解法のことで，「やり方を知っている」だけでは著作物ではなく，著作権法による保護範囲ではない。ただし，プログラム言語で書いた**ソースコード**や，「やり方を書いた本」は著作物になり，**保護の対象となる**。

ちょっと深掘り 他人の著作物を使用しても違反にならない場合

たとえば，車の販売台数を説明するために，通商白書の統計データを使って図表化し，Webページに活用した場合など，政府刊行物に類するものは「一般に周知させることを目的として作成し，その著作の名義の下に公表する広報資料，調査統計資料，報告書その他これらに類する著作物は，説明の材料として新聞紙，雑誌その他の刊行物に転載することができる」という条文があるので，違法行為には該当しない。

イモヅル復習問題 ➡ Q026

正解 ウ

でる度★★★

Q028

知的財産権のうち，全てが産業財産権に該当するものの組合せはどれか。

ア 意匠権，実用新案権，著作権
イ 意匠権，実用新案権，特許権
ウ 意匠権，著作権，特許権
エ 実用新案権，著作権，特許権

サクッと正解

①**知的財産権**＝著作権＋産業財産権
②**産業財産権**＝特許権＋実用新案権＋意匠権＋商標権

イモヅル式解説

知的財産権は，様々な知的創造の活動によって生み出された無形の経済的価値を対象とした権利の総称である。文化的な創作である**著作権**〔➡Q026〕と，産業上の創意・工夫を排他的に独占できる**産業財産権**で構成される。産業財産権は，**特許権**，**実用新案権**，**意匠権**，**商標権**などを総称した権利である（**イ**）。なお，設問のように「産業財産権に該当するもの」を問う場合，著作権が含まれている選択肢は誤り。

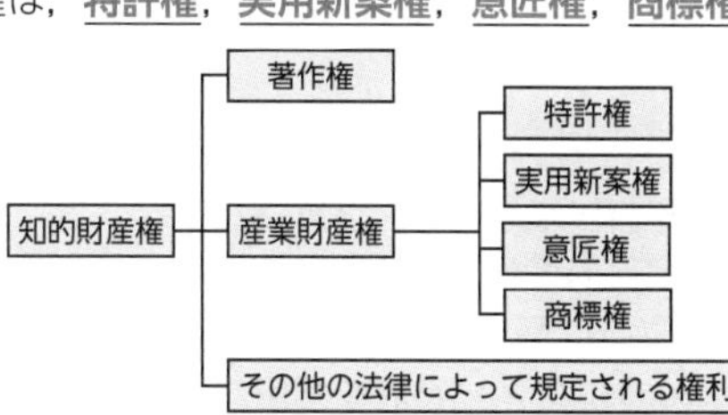

特許権	自然の法則や仕組みを利用した発明を保護する権利。ビジネス方法に係る発明のビジネスモデル特許もある。
実用新案権	物品の形状，構造または組合せに係る考案のうち，発明以外のものに対して認められる権利。
意匠権	新規性と創作性があり，美感を起こさせる外観を有する物品の形状・模様・色彩などのデザインに対して認められる権利。
商標権	商品の名称やロゴマークなどを保護する権利。たとえば，コカ・コーラの瓶の立体的形状も認められている。

イモヅル復習問題 ➡**Q026，Q027**

正解 **イ**

でる度 ★★★

Q029 自社開発した技術の特許化に関する記述a ～ cのうち，直接的に得られることが期待できる効果として，適切なものだけを全て挙げたものはどれか。

a 当該技術に関連した他社とのアライアンスの際に，有利な条件を設定できる。

b 当該技術の開発費用の一部をライセンスによって回収できる。

c 当該技術を用いた商品や事業に対して，他社の参入を阻止できる。

ア　a
イ　a，b
ウ　a，b，c
エ　b，c

サクッと正解

特許は，当該技術を自社が独占的・排他的に利用できる権利である。

イモヅル式解説

設問文の記述a ～ cを確認してみよう。

a **産業財産権**〔➡Q028〕のひとつである特許を保有していれば，当該技術に関連する権利を独占できる。他社との**アライアンス**〔➡Q005〕により特許を利用する際には有利に働くので，正しい記述である。アライアンスとは，それぞれの企業が保有する経営資源を補完することを目的とした，企業間での事業の連携，提携や協調行動のことである。

b 特許を保有する当該技術の使用を他社に有料で許諾すれば，**ライセンス料**の支払いを受けることができるので，正しい記述である。

c 特許を保有していれば当該技術を独占的・排他的に利用でき，当該技術を用いた商品や事業などへの他社参入も阻止できるので，正しい記述である。

イモヅル復習問題 ➡Q005，Q008，Q028

正解 ウ

でる度★★☆

Q030 特許戦略を策定する上で重要な"特許ポートフォリオ"について述べたものはどれか。

ア　企業が保有や出願している特許を，事業への貢献や特許間のシナジー，今後適用が想定される分野などを分析するためにまとめたもの

イ　技術イノベーションが発生した当初は特許出願が多くなる傾向だが，市場に支配的な製品の出現によって工程イノベーションにシフトし，特許出願が減少すること

ウ　自社製品のシェアと市場の成長率を軸にしたマトリックスに，市場における自社や競争相手の位置付けを示したもの

エ　複数の特許権者同士が，それぞれの保有する特許の実施権を相互に許諾すること

サクッと正解

特許ポートフォリオとは，保有や出願している自社の特許を分類したリストのこと。

イモヅル式解説

特許ポートフォリオは，自社がすでに保有している特許や，出願済みの特許などを整理・分類し，状況をまとめたもの（ア）である。

技術イノベーションが発生した当初の特許出願の傾向や，工程イノベーションにシフトしたあとに特許出願が減少すること（イ）は，特許ポートフォリオではない。自社製品のシェアと市場の成長率を軸にしたマトリックス（ウ）を使って分析する手法は，PPM〈=Product Portfolio Management〉〔➡Q054〕である。また，複数の特許権保有者が，それぞれの保有する特許の実施権を相互に許諾すること（エ）は，クロスライセンス〔➡Q005〕である。

イモヅル復習問題 ➡Q028

正解 ア

でる度★★★

Q 031

NDAに関する記述として，最も適切なものはどれか。

ア　企業などにおいて，情報システムへの脅威の監視や分析を行う専門組織

イ　契約当事者がもつ営業秘密などを特定し，相手の秘密情報を管理する意思を合意する契約

ウ　提供するサービス内容に関して，サービスの提供者と利用者が合意した，客観的な品質基準の取決め

エ　プロジェクトにおいて実施する作業を細分化し，階層構造で整理したもの

サクッと正解

NDAとは，相手の秘密情報を守る契約のこと。

イモヅル式解説

NDA〈=Non-Disclosure Agreement〉は，情報開示により知り得た秘密情報の守秘義務について，契約で取り決めておくための**秘密保持契約**である。契約者の営業秘密などを特定し，相手の秘密情報を守る意思を合意する契約 **(イ)** ということができる。

SOC 〈=Security Operation Center〉	企業などで，情報システムへの脅威となる**サイバー攻撃**などに対する監視や検知，分析を行う組織 **(ア)**。
SLA 〈=Service Level Agreement〉 〔➡**Q127**〕	提供するサービス内容に関して，サービスの提供者と利用者の間で取り決めた**サービスレベル**の合意 **(ウ)**。
SLM 〈=Service Level Management〉	SLAに基づき，提供されるサービスの品質の維持と向上を図るための活動。
WBS 〈=Work Breakdown Structure〉 〔➡**Q115**〕	プロジェクトにおいて，実施する作業を細分化し，階層構造で整理した図法 **(エ)**。

正解　**イ**

でる度★★★

Q 032 **事業活動における重要な技術情報について，営業秘密とするための要件を定めている法律はどれか。**

ア 著作権法
イ 特定商取引法
ウ 不正アクセス禁止法
エ 不正競争防止法

サクッと正解

公正な競争を促すため，営業秘密を守る法律は，**不正競争防止法**である。

イモヅル式解説

不正競争防止法（エ）は，事業者間の競争が公正に行われ，パリ条約などの国際約束の的確な実施を確保するため，不正競争の防止を目的として定められた法律である。

そのほかの選択肢もまとめて覚えよう。

著作権法（ア）	著作物に関する権利を守る法律。
特定商取引法（イ）	訪問販売や通信販売などのトラブルから消費者を守る法律。
不正アクセス禁止法（ウ）〔➡Q033〕	コンピュータネットワークで許可されないアクセスなどから利用者を守る法律。

ちょっと深掘り 営業秘密の要件

不正競争防止法において，営業秘密とみなされる要件は，以下の3つを満たしたものと規定されている。

秘密管理性	秘密として管理されていること。
有用性	事業活動に有用な技術上または経営上の情報であること。
非公知性	公然と知られていないこと。

イモヅル復習問題 ➡Q026，Q027

正解 エ

でる度★★★

Q033

公開することが不適切なWebサイトa～cのうち，不正アクセス禁止法の規制対象に該当するものだけを全て挙げたものはどれか。

a　スマートフォンからメールアドレスを不正に詐取するウイルスに感染させるWebサイト

b　他の公開されているWebサイトと誤認させ，本物のWebサイトで利用するIDとパスワードの入力を求めるWebサイト

c　本人の同意を得ることなく，病歴や身体障害の有無などの個人の健康に関する情報を一般に公開するWebサイト

ア　a, b, c　**イ**　b　**ウ**　b, c　**エ**　c

サクッと正解

不正アクセス禁止法は，認証情報の不正な取得や無断利用などを禁止する法律である。

イモヅル式解説

不正アクセス禁止法は，コンピュータネットワークに接続できる環境で，許可なく他人のIDやパスワードを使って認証が必要なページに接続する行為などの禁止を定めた法律。不正アクセスそのものはもちろん，不正アクセスを目的とした下記の行為も禁止されている。

①他人の**認証**情報を不正に取得する。
②本人に許可なく**第三者**に認証情報を教える。
③不正に取得された他人の認証情報を保管する。
④アクセス管理者のふりをして認証情報を求めるWebサイトを公開。
⑤アクセス管理者のふりをして認証情報を求める電子メールを送信。

これを踏まえて設問を検討すると，**b**の記述が①他人の認証情報を不正に取得する行為に該当することがわかる（**イ**）。

ほかの記述も違法行為ではあるが「不正アクセス禁止法の規制対象」ではなく，**a**は刑法の不正指令電磁的記録に関する罪（**ウイルス作成罪**），**c**は**個人情報保護法**の規制対象に該当する。

イモヅル復習問題 ➡ Q032

正解　イ

でる度★★☆

Q 034 従業員の賃金や就業時間，休暇などに関する最低基準を定めた法律はどれか。

ア 会社法
イ 民法
ウ 労働基準法
エ 労働者派遣法

サクッと正解

賃金や就業時間，休暇などの最低基準を規定した法律は，**労働基準法**である。

イモヅル式解説

労働基準法（ウ）は，労働者の賃金，労働時間，休暇や休憩時間などの労働条件に関わる**最低基準**を定めた法律で，労働者を雇用するすべての事業所に適用される。

労働に関連するキーワードをまとめて覚えよう。

労働基準法	労働条件の最低基準を定めた法律。
労働契約法	労働契約に関する基本事項を定めた法律。
労働者派遣法（エ）	労働者を派遣する事業を適正化し，派遣労働者の保護などを図る法律。
下請代金支払遅延等防止法（下請法）	発注業者による下請業者に対する優越的地位の乱用を規制する法律。
会社法（ア）	会社の設立や運営・管理を適正化する法律。
民法（イ）	市民生活における市民相互の関係を定める私法の一般法。
フレックスタイム制	定められた時間帯の中で，始業や終業の時刻を労働者の裁量で決められる制度。
裁量労働制	始業や終業の時刻だけではなく，日々の具体的な業務などを労働者の裁量で決められる制度。

正解 ウ

でる度 ★★☆

Q 035

労働者派遣法に基づき，A社がY氏をB社へ派遣することとなった。このときに成立する関係として，適切なものはどれか。

ア A社とB社との間の委託関係
イ A社とY氏との間の労働者派遣契約関係
ウ B社とY氏との間の雇用関係
エ B社とY氏との間の指揮命令関係

サクッと正解

労働者派遣契約では，労働者は派遣元と雇用関係があり，派遣先と指揮命令関係がある。

イモヅル式解説

労働者派遣契約は，派遣元の企業に所属している労働者が，派遣先の事業所の指揮命令に従って業務をする労働契約である。

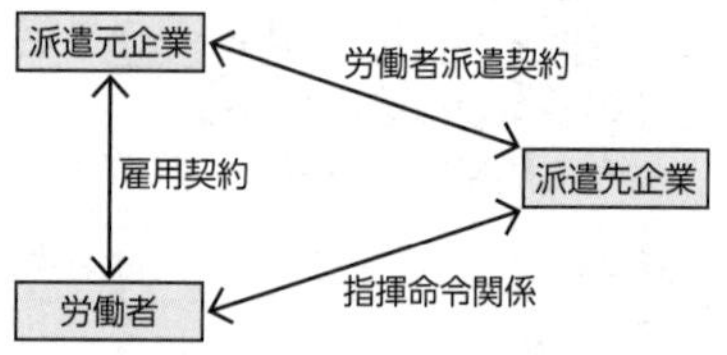

労働者派遣契約の場合，**雇用**関係は派遣元企業と労働者の間にあり，**指揮命令**関係は労働者が実際に働く派遣先企業と労働者との間で成立することになる。

これに従って選択肢の記述を検討していくと，下記のようになる。

ア：A社とB社との間は，委託関係ではなく**労働者派遣契約**関係。
イ：A社とY氏との間は，労働者派遣契約関係ではなく**雇用**関係。
ウ：B社とY氏との間は，雇用関係ではなく**指揮命令**関係。
エ：B社とY氏との間は，指揮命令関係があり，これは正しい記述である。

イモヅル復習問題 ➡ Q034

正解 エ

でる度 ★★★

Q 036

ソフトウェアの開発において基本設計からシステムテストまでを一括で委託するとき，請負契約の締結に関する留意事項のうち，適切なものはどれか。

ア 請負業務着手後は，仕様変更による工数の増加が起こりやすいので，詳細設計が完了するまで契約の締結を待たなければならない。

イ 開発したプログラムの著作権は，特段の定めがない限り委託者側に帰属するので，受託者の著作権を認める場合，その旨を契約で決めておかなければならない。

ウ 受託者は原則として再委託することができるので，委託者が再委託を制限するためには，契約で再委託の条件を決めておかなければならない。

エ ソフトウェア開発委託費は開発規模によって変動するので，契約書では定めず，開発完了時に委託者と受託者双方で協議して取り決めなければならない。

サクッと正解

請負契約の再委託は，契約で決めておかなければならない。

イモヅル式解説

請負契約は，受託する**請負人**が，仕事を完成させることを約束し，仕事を依頼する発注者が，その仕事の結果に対して報酬を支払うことを約束する契約である。**発注を行った時点**で金額や期日，成果物の詳細などを確定した契約を締結するのが適切である。

請負契約では，指揮命令権は**発注者**にはなく，**受託者**である請負人にある。請負人に所属する作業者は，新たな雇用契約を発注者と結ぶことなく，発注者の指示で作業を実施する。受託者は，期限内に完成させれば手段は問われないので，原則として**再委託**することもできる。委託者が再委託を制限するためには，あらかじめ契約で条件などを決めておく必要がある（ウ）。また，特約がない限り，成果物の**著作権**〔➡Q026〕は原則として受託者側に帰属する。

イモヅル復習問題 ➡Q026

正解 ウ

でる度★★★

Q 037

A氏は，インターネット掲示板に投稿された情報が自身のプライバシを侵害したと判断したので，プロバイダ責任制限法に基づき，その掲示板を運営するX社に対して，投稿者であるB氏の発信者情報の開示を請求した。このとき，X社がプロバイダ責任制限法に基づいて行う対応として，適切なものはどれか。ここで，X社はA氏，B氏双方と連絡が取れるものとする。

ア A氏，B氏を交えた話合いの場を設けた上で開示しなければならない。
イ A氏との間で秘密保持契約を締結して開示しなければならない。
ウ 開示するかどうか，B氏に意見を聴かなければならない。
エ 無条件で直ちにA氏に開示しなければならない。

サクッと正解

プロバイダ責任制限法は，プロバイダが負う責任の範囲と情報開示請求の権利を定めた法律である。

イモヅル式解説

プロバイダ責任制限法は，インターネットで権利侵害などのトラブルがあった場合に，プロバイダが負う**損害賠償責任の範囲**，被害者からの**情報開示請求の権利**やルールを定めた法律である。①権利侵害を主張する者は，インターネットへの接続サービスを提供するISPやサーバ管理者，インターネットの掲示板管理者などのプロバイダに対し，発信者情報の開示請求ができる。②開示請求を受けたプロバイダは，対応について，発信者の意見を聴く必要がある。③発信者の同意があれば，請求者に対して情報を開示するが，開示請求の拒絶もできる。④被害者側は開示請求の拒絶があった場合に，裁判に訴えられる。

上記②のとおり，X社はB氏の意見を聴かなければならない（**ウ**）。開示するかどうかは，プロバイダと投稿者で話し合うことになり，無条件で直ちに開示する（**エ**）わけではない。また，**秘密保持契約**（**イ**）〔➡**Q031**〕とは直接関係がない。

イモヅル復習問題 ➡ **Q031**

正解 **ウ**

でる度 ★★★

Q 038

国際標準化機関に関する記述のうち，適切なものはどれか。

ア ICANNは，工業や科学技術分野の国際標準化機関である。
イ IECは，電子商取引分野の国際標準化機関である。
ウ IEEEは，会計分野の国際標準化機関である。
エ ITUは，電気通信分野の国際標準化機関である。

サクッと正解

ITUは，電気通信分野の国際標準化機関である。

イモヅル式解説

ITU〈=International Telecommunication Union〉は，電気通信（有線通信及び無線通信）の利用にかかる国際的秩序の形成に貢献する，国際連合の専門機関**（エ）**である。**国際電気通信連合**とも呼ばれる。

ISO〈=International Organization for Standardization〉〔➡**Q039**〕	**国際標準化機構**。工業や科学技術分野の国際標準化機関。
IEC〈=International Electrotechnical Commission〉**（イ）**〔➡**Q039**〕	**国際電気標準会議**。電気や電子技術分野の国際標準化機関。
IEEE〈=Institute of Electrical and Electronics Engineers〉**（ウ）**〔➡**Q122**〕	**米国電気電子学会**。電気・電子分野の学術研究や標準化を行う国際機関。
ICANN〈=Internet Corporation for Assigned Names and Numbers〉**（ア）**	インターネット上で利用される識別情報の割当てや管理などを行う国際団体。
IETF〈=Internet Engineering Task Force〉〔➡**Q122**〕	インターネット上の技術やプロトコルなどを標準化する団体。
W3C〈=World Wide Web Consortium〉	HTMLやCSSなど，Web上で利用される技術の標準化を行う団体。
IASB〈=International Accounting Standards Board〉	**国際会計基準審議会**。**IFRS（国際財務報告基準）**などを策定する会計分野の国際標準化機関。

正解 エ

でる度★★★

Q 039 **ISO（国際標準化機構）によって規格化されているものはどれか。**

ア コンテンツマネジメントシステム
イ 情報セキュリティマネジメントシステム
ウ タレントマネジメントシステム
エ ナレッジマネジメントシステム

サクッと正解

ISO/IEC 27000シリーズで規格化されているものは，**情報セキュリティマネジメントシステム**である。

イモヅル式解説

ISO（国際標準化機構）は，国際的な工業規格を策定する国際機関，**IEC**〈=International Electrotechnical Commission；国際電気標準会議〉は，電気に関する国際規格を策定する国際機関である。選択肢の中で，ISOの規格は**情報セキュリティマネジメントシステム**（**イ**）だけ。

コンテンツマネジメントシステム〈=Contents Management System；CMS〉（**ア**）〔➡**Q070**〕	Webサイトを構成するディジタルコンテンツに，統合的・体系的な管理や配信などの必要な処理を行うシステム。
タレントマネジメントシステム（**ウ**）	個々がもつ才能や資質などを把握し，適材適所を実現しようとする人事管理システム。
ナレッジマネジメントシステム（**エ**）	ITを活用して個々がもつ知識の共有化を図るシステム。

ちょっと深掘り **主な国際規格**

ISO 9000	品質マネジメントシステム
ISO 14000	環境マネジメントシステム
ISO/IEC 20000	ITサービスマネジメントシステム
ISO/IEC 27000	情報セキュリティマネジメントシステム

イモヅル復習問題 ➡**Q003，Q038**

正解 **イ**

でる度★★★

Q040 情報を縦横2次元の図形パターンに保存するコードはどれか。

ア ASCIIコード
イ Gコード
ウ JANコード
エ QRコード

サクッと正解

縦横2次元の図形パターンに保存するコードは，**QRコード**である。

イモヅル式解説

QRコード（**エ**）は，縦横2次元の図形パターンに保存するコードであり，3個の検出用シンボルで，回転角度と読取り方向を認識できる。

QRコード

バーコード

「～コード」をまとめて覚えよう。

バーコード	太さの異なる黒線を組み合わせた1次元のコード。
QRコード	縦横2次元の図形パターンに保存するコード。
ISBNコード	図書を特定するための世界標準として使用されているコード。
文字コード	コンピュータで文字を表示するために割り当てられた番号。
シフトJISコード	マイクロソフト社が策定した日本語用文字コード。
ASCIIコード（**ア**）	ANSI（米国規格協会）〔➡**Q122**〕が制定した文字コード。
Gコード（**イ**）	テレビ番組の録画予約用のコード。
JANコード（**ウ**）	製造した事業者と商品を識別するための共通商品コード。

正解 **エ**

でる度★★★

Q041 **持続可能な世界を実現するために国連が採択した，2030年までに達成されるべき開発目標を示す言葉として，最も適切なものはどれか。**

ア SDGs
イ SDK
ウ SGA
エ SGML

サクッと正解

持続可能な世界を実現するための開発目標を示す言葉は，**SDGs**である。

イモヅル式解説

SDGs〈=Sustainable Development Goals〉（**ア**）は，**持続可能**で，**多様性**と**包摂性**のある社会を実現するための国際目標であり，行動指針である。

「貧困をなくす」「人々に保健と福祉を」「ジェンダーの平等」など17のグローバル目標と，「飢餓を終わらせ，食料安全保障及び栄養改善を実現し，持続可能な農業を促進する」「**強靱（レジリエント）**なインフラ構築，包摂的かつ持続可能な産業化の促進及び**イノベーション**〔➡**Q043**〕の推進を図る」など169の達成基準で構成される。

そのほかの選択肢もまとめて覚えよう。

SDK〈=Software Development Kit〉（**イ**）	ソフトウェア開発キット
SGA〈=Selling and Generally Administrative expenses〉（**ウ**）	販売費及び一般管理費〔➡**Q025**〕
SGML〈=**Standard Generalized Markup Language**〉（**エ**）	汎用マークアップ言語

イモヅル復習問題 ➡**Q030**　　正解 **ア**

でる度 ★★☆

Q 042

年齢，性別，家族構成などによって顧客を分類し，それぞれのグループの購買行動を分析することによって，集中すべき顧客層を絞り込むマーケティング戦略として，最も適切なものはどれか。

ア サービスマーケティング
イ セグメントマーケティング
ウ ソーシャルマーケティング
エ マスマーケティング

サクッと正解

顧客を分類して絞り込むマーケティング戦略は，**セグメントマーケティング**である。

イモヅル式解説

セグメントとは，「区分」や「分割」という意味。セグメンテーションは，似ている特性や傾向などにより，集団を分割することである。

これらの意味から，セグメントマーケティング（イ）は，年齢，性別，家族構成などで顧客を分類し，各集団の購買行動を分析することで，集中すべき顧客層を絞り込むマーケティング戦略ということができる。

サービスマーケティング（ア）	サービス業が提供するサービスや，製品に関連する無形のサービス提供などを対象とするマーケティング手法。
ソーシャルマーケティング（ウ）	社会全体の利益や福祉の向上，社会課題の解決などを目的に行われるマーケティング手法。
マスマーケティング（エ）	ターゲティングを意識せず，幅広い顧客層に多くの製品やサービスを提供しようとするマーケティング手法。
ワントゥワンマーケティング	個々の顧客のニーズを把握し，それを充足する製品やサービスを提供しようとするマーケティング手法。
インバウンドマーケティング	SNSやブログ，検索エンジンなどで製品やサービスに関連する情報を発信して獲得した見込み客を，最終的に顧客に転換させることを目標とするマーケティング手法。

正解 イ

でる度★★★

Q043

画期的なビジネスモデルの創出や技術革新などの意味で用いられることがある用語として，最も適切なものはどれか。

ア イノベーション　　**イ** マイグレーション
ウ リアルオプション　　**エ** レボリューション

サクッと正解

画期的な価値の創造は，**イノベーション**である。

イモヅル式解説

イノベーション（ア）は，本来は新機軸や**新結合**という意味であるが，かつてない画期的な発想で世の中に新しい価値を提供したり，飛躍的な技術革新によって新しい製品やサービスを創造したりすることとしても用いられる。また，イノベーションは，**プロセスイノベーション**〔➡Q044〕と**プロダクトイノベーション**〔➡Q044〕に分類できる。そのほかの「～ション」もまとめて覚えよう。

マイグレーション（イ）〔➡Q164〕	本来は移行・移転などの意味。システムやデータなどを別の環境に切り替えるという意味で用いられる。
リアルオプション（ウ）	価格決定に関する金融理論を応用し，事業を継続するか撤退するかなど，将来の事業評価などを試みる手法。
カニバリゼーション〔➡Q045〕	自社の新しい製品やサービス，新規出店などが，すでにある自社のシェアを奪う状態。
サブスクリプション	使用権を借り，その使用期間に応じて使用料が発生する料金徴収の形態。
アクティベーション	登録手続きなどを行い，ライセンスを有効化する作業。
シミュレーション	仮想的な仕組みで模擬的に動作させること。
エミュレーション	特定の環境に向けたソフトウェアなどを異なる環境で動作させること。
レボリューション（エ）	革命・変革のこと。

イモヅル復習問題 ➡ **Q028，Q030**

正解 ア

でる度★★★

Q044 製品の製造における**プロセスイノベーション**によって，直接的に得られる**成果**はどれか。

ア 新たな市場が開拓される。
イ 製品の品質が向上する。
ウ 製品一つ当たりの生産時間が増加する。
エ 歩留り率が低下する。

サクッと正解

プロセスイノベーションとは，製造工程におけるイノベーションのこと。

イモヅル式解説

イノベーション〔➡Q043〕は，**プロセス**イノベーションと**プロダクト**イノベーションに大きく分けることができる。

プロセスイノベーション	製品の品質を向上させる革新的な製造工程を開発する技術革新。
プロダクトイノベーション	独創的かつ高い技術を基に革新的な新製品を開発する技術革新。

上記の表を踏まえ，プロセスイノベーションによって得られる成果となる選択肢を検討する。

プロセスイノベーションは，**製造工程**におけるイノベーションなので，直接的に新たな市場が開拓されること（**ア**）には結び付かない。

品質が同じなら，製品の生産にかかる時間は短いほどよく，**歩留り率**は高いほうがよいので，**ウ**と**エ**は得られる成果にはならない。なお，歩留り率とは，不良品や目減りなどを除いた**良品**が製造できる割合のこと。

製品の品質が向上すること（**イ**）は，プロセスイノベーションの成果であるといえる。

イモヅル復習問題 ➡Q043

正解 イ

でる度 ★★☆

Q 045

イノベーションのジレンマに関する記述として，最も適切なものはどれか。

ア　最初に商品を消費したときに感じた価値や満足度が，消費する量が増えるに従い，徐々に低下していく現象

イ　自社の既存商品がシェアを占めている市場に，自社の新商品を導入することで，既存商品のシェアを奪ってしまう現象

ウ　全売上の大部分を，少数の顧客が占めている状態

エ　優良な大企業が，革新的な技術の追求よりも，既存技術の向上でシェアを確保することに注力してしまい，結果的に市場でのシェアの確保に失敗する現象

サクッと正解

イノベーションのジレンマとは，過去のイノベーションにこだわり過ぎた失敗のこと。

イモヅル式解説

イノベーションのジレンマは，イノベーション〔➡Q043〕によって事業を拡大し，競合と比較して先行している企業が，以前のイノベーションによる成功体験を捨てることができず，顧客の本当のニーズを見極められなくなり，不必要な機能追加などニーズの乏しい改良を施しているうちに，後続の企業にシェアを奪われる現象（**エ**）である。

そのほかの選択肢の内容もまとめて覚えよう。

限界効用逓減の法則（**ア**）	同じ消費を繰り返すごとに，最初の満足度が徐々に低下していく現象。
カニバリゼーション（**イ**）	自社の新しい製品やサービス，新規出店などが，すでにある自社のシェアを奪う状態。
パレートの法則（**ウ**）	全体の数値の大部分は，ごく一部の要素が生み出しているという理論。「80：20の法則」とも呼ばれ，ロングテール理論などに応用されている。

イモヅル復習問題 ➡ Q002，Q043，Q044

正解　**エ**

でる度 ★★★

Q 046

画期的な製品やサービスが消費者に浸透するに当たり，イノベーションへの関心や活用の時期によって消費者をアーリーアダプタ，アーリーマジョリティ，イノベータ，ラガード，レイトマジョリティの五つのグループに分類することができる。このうち，活用の時期が2番目に早いグループとして位置付けられ，イノベーションの価値を自ら評価し，残る大半の消費者に影響を与えるグループはどれか。

ア　アーリーアダプタ　　**イ**　アーリーマジョリティ
ウ　イノベータ　　**エ**　ラガード

サクッと正解

イノベーションの価値を自ら評価し，残る消費者にも影響を与えるオピニオンリーダは，**アーリーアダプタ**である。

イモヅル式解説

新しい製品やサービスの市場への普及率を時間軸で表したイノベータ理論では，消費者をイノベータ，アーリーアダプタ，アーリーマジョリティ，レイトマジョリティ，ラガードの5グループに分類している。

イノベータ (ウ)	革新者。情報の感度が高く，ほかの消費者に先駆けて新商品を入手することに意欲を燃やすグループ。
アーリーアダプタ (ア)	オピニオンリーダ，初期採用者。流行に敏感で，日常的に情報を収集し，自ら判断を行うグループ。ほかの消費層への影響力が強い。
アーリーマジョリティ (イ)	ブリッジピープル，前期追随者。新商品の入手に比較的慎重で，早期購入者に相談してから当該商品の入手などを判断するグループ。
レイトマジョリティ	フォロワーズ，後期追随者。新商品の入手に消極的で，多くの人が当該商品を利用していることを確認してから入手するグループ。
ラガード (エ)	遅滞者。保守的で新商品に対する関心がなく，新商品を入手しないか，最も遅く入手するグループ。

正解　ア

経営戦略

でる度★★★

Q047 **ある業界への新規参入を検討している企業がSWOT分析を行った。分析結果のうち，機会に該当するものはどれか。**

ア 既存事業での成功体験
イ 業界の規制緩和
ウ 自社の商品開発力
エ 全国をカバーする自社の小売店舗網

サクッと正解

SWOT分析とは，経営環境を強み，弱み，機会，脅威に分類して考える手法のこと。

イモヅル式解説

事業環境を，自社のもつ**強み**（Strength）と**弱み**（Weakness），自社を取り巻く外部の**機会**（Opportunity）と**脅威**（Threat）に分類して考える分析手法が**SWOT分析**である。

既存事業での成功体験（**ア**）があれば自社の長所となり，自社の商品開発力（**ウ**）や全国をカバーする自社の小売店舗網（**エ**）は，ビジネスにおける強みになる。

選択肢の中でビジネスのチャンスが広がる機会となる可能性があるのは，業界の規制緩和（**イ**）である。

SWOT分析の例は下表のとおり。ある企業にとっての脅威が，別の企業にとってのよい機会となる場合もある。

強み（Strength）	**弱み（Weakness）**
・優れた開発力がある ・多数の常連客がいる ・広域な販売網をもつ	・自社工場が老朽化している ・若い人材が不足している ・資金繰りに余裕がない
機会（Opportunity）	**脅威（Threat）**
・評価委の規制が緩和された ・自社の得意分野の需要が高まる ・インフラが整備される	・競合が新サービスを開始する ・異業種の企業が参入してくる ・新型ウイルスが蔓延している

正解 **イ**

でる度★★★

Q048

X社では，現在開発中である新商品Yの発売が遅れる可能性と，遅れた場合における今後の業績に与える影響の大きさについて，分析と評価を行った。この取組みに該当するものとして，適切なものはどれか。

ア ABC分析
イ SWOT分析
ウ 環境アセスメント
エ リスクアセスメント

サクッと正解

不確実なこと（リスク）を特定し，発生時の影響を考えておく取組みは，**リスクアセスメント**である。

イモヅル式解説

リスク〔➡Q117〕は「不確実なこと」の意味で用いられ，危険などの悪いことだけではなく，予測できない事態を指す用語である。たとえば，「円安のリスク」という場合は，悪い予測だけを指すとは限らない。

アセスメントとは「評価」や「査定」の意味で，環境アセスメント（ウ）とは事業が環境に与える影響の大きさを予測して評価すること。

企業活動の分野で試験に出る「〜分析」をまとめて覚えよう。

ABC分析（ア）〔➡Q001〕	パレート図〔➡Q002〕で項目を大きい順に並べ，A〜Cにランク付けすることで，項目の重要度を明確にする手法。
3C分析〔➡Q055〕	自社の顧客（Customer），自社（Company），競合他社（Competitor）を考える分析手法。
ギャップ分析	事業の現状と本来あるべき理想の姿を比較し，経営課題を明確にする手法。
SWOT分析（イ）〔➡Q047〕	事業環境を，自社の強み（Strength）と弱み（Weakness），自社を取り巻く外部の機会（Opportunity）と脅威（Threat）に分類して考える分析手法。

イモヅル復習問題 ➡ Q002，Q047

正解 エ

でる度★★★

Q049

企業のビジョンや戦略を実現するために，“財務”，“顧客”，“業務プロセス”，“学習と成長”の四つの視点から，具体的に目標を設定して成果を評価する手法はどれか。

ア　PPM　　**イ**　SWOT分析
ウ　バランススコアカード　　**エ**　マーケティングミックス

サクッと正解

バランススコアカードとは，①財務，②顧客，③**業務プロセス**，④**学習と成長**，の4つの視点から成果を評価する分析手法のこと。

イモヅル式解説

バランススコアカード（ウ）は，売上や損益などの財務だけではなく，顧客や業務，人材などの要素も含めて経営を評価する分析手法である。経営戦略を考えるためのフレームワークには多種多様なものがあるが，ここでは6つを覚えよう。

PPM〈=Product Portfolio Management〉（ア）〔➡Q054〕	縦軸と横軸に市場成長率と市場占有率をとったマトリックス図で資源配分を検討する手法。
SWOT分析（イ）〔➡Q047〕	事業環境を，自社の強み（Strength）と弱み（Weakness），自社を取り巻く外部の機会（Opportunity）と脅威（Threat）に分類して考える分析手法。
インバウンドマーケティング〔➡Q042〕	見込み顧客を自社の製品やサービスに引き付けるためのマーケティング活動。
アウトバウンドマーケティング	幅広い層に対する広告やイベントなどで自社の情報を届けようとするマーケティング活動。
マーケティングミックス（エ）〔➡Q050〕	製品（Product），価格（Price），流通（Place），販売促進（Promotion）の4つの要素を組み合わせてマーケティング戦略を考える手法。4Pとも呼ばれる。
4C〔➡Q050〕	顧客にどのような価値，コスト，利便性，コミュニケーションを提供できるかという考え方。

イモヅル復習問題 ➡Q042

正解　ウ

でる度★★★

Q050 マーケティングミックスの検討に用いる考え方の一つであり，売り手側の視点を分類したものはどれか。

ア 4C　**イ** 4P　**ウ** PPM　**エ** SWOT

サクッと正解

マーケティングミックスは，売り手側の視点で**4P**，買い手側の視点で**4C**。

イモヅル式解説

マーケティングミックスの4P（イ）は，ターゲティング〔➡Q052〕された市場において，製品（Product），価格（Price），流通（Place），販売促進（Promotion）の4つの要素を組み合わせてマーケティング戦略を考えるフレームワークである。これは，売り手側である企業の視点でマーケティング戦略を策定していることになる。

4C（ア）は買い手側である顧客の視点で考え，顧客にどのような価値，コスト，利便性，コミュニケーションを提供できるかを考えるフレームワークである。4つのCは，Customer Value（顧客が感じる価値），Cost to the Customer（顧客の負担），Convenience（入手の簡易さ），Communication（コミュニケーション）の頭文字であり，それぞれ4Pと対応している。

Product（製品）　⇔ Customer Value（顧客が感じる価値）
Price（価格）　⇔ Cost to the Customer（顧客の負担）
Place（流通）　⇔ Convenience（入手の簡易さ）
Promotion（販売促進）⇔ Communication（コミュニケーション）

そのほかの選択肢もまとめて覚えよう。

PPM〈=Product Portfolio Management〉（ウ）〔➡Q054〕	縦軸と横軸に市場成長率と市場占有率をとったマトリックス図で資源配分を検討する手法。
SWOT（エ）〔➡Q047〕	事業環境を，自社の強み（Strength）と弱み（Weakness），自社を取り巻く外部の機会（Opportunity）と脅威（Threat）に分類して考える分析手法。

イモヅル復習問題 ➡Q047，Q049

正解 イ

でる度★★★

Q 051

既存市場と新市場，既存製品と新製品でできるマトリックスの四つのセルに企業の成長戦略を表す市場開発戦略，市場浸透戦略，製品開発戦略，多角化戦略を位置付けるとき，市場浸透戦略が位置付けられるのはどのセルか。

	既存製品	新製品
既存市場	A	B
新市場	C	D

ア A　**イ** B　**ウ** C　**エ** D

サクッと正解

成長マトリックスでの**市場成長戦略**は，既存製品を既存市場でさらに広めていく戦略である。

イモヅル式解説

設問の表は，「アンゾフの**成長マトリックス**」と呼ばれるものである。既存製品とは従来と同じ製品やサービスのことで，既存市場とは今までと同じターゲティング〔➡Q052〕のことである。表のセルAは，従来と同じ製品を今までと同じ市場で売る**市場浸透**戦略（**ア**）である。

- **市場浸透**戦略：従来の市場や顧客を深掘りして成長を目指す。
- **製品開発**戦略（**イ**）：従来の市場や顧客に新しいサービスやバージョンアップした製品を提供する。
- **市場開発**戦略（**ウ**）：音楽CDからネット配信への変化のように，新しい市場や顧客に向けて従来の製品を提供する。
- **多角化**戦略（**エ**）：建設業者が新たに介護事業を始めるなど，今までの事業と関係がない（関係が薄い）分野に進出する。

	既存製品	新製品
既存市場	**市場浸透**戦略	**製品開発**戦略
新市場	**市場開発**戦略	**多角化**戦略

正解　**ア**

でる度★★★

Q 052 **マーチャンダイジングの説明として，適切なものはどれか。**

ア 消費者のニーズや欲求，購買動機などの基準によって全体市場を幾つかの小さな市場に区分し，標的とする市場を絞り込むこと

イ 製品の出庫から販売に至るまでの物の流れを統合的に捉え，物流チャネル全体を効果的に管理すること

ウ 店舗などにおいて，商品やサービスを購入者のニーズに合致するような形態で提供するために行う一連の活動のこと

エ 配送コストの削減と，消費者への接触頻度増加によるエリア密着性向上を狙って，同一エリア内に密度の高い店舗展開を行うこと

サクッと正解

マーチャンダイジングとは，商品やサービスなどを消費者のニーズに合致させようとする活動のこと。

イモヅル式解説

マーチャンダイジングは，店舗の陳列やプロモーション活動など，消費者のニーズに合致するような形態で商品を提供するために行う一連の活動（ウ）である。

消費者のニーズや欲求，購買動機などの基準により，大きな全体市場を小さな市場に区分して考えることは**セグメンテーション**〔➡Q042〕であり，標的とする市場を絞り込むこと（ア）は**ターゲティング**と呼ばれる。

製品の出庫から販売に至るまでの物の流れを統合的に捉え，物流チャネル全体を効果的に管理（イ）して最適化を図ることは，**ロジスティクス**である。

配送コストの削減と，消費者への接触頻度増加によるエリア密着性向上を狙い，同一エリア内に複数の店舗を出店するなど，密度の高い店舗展開を行うこと（エ）は，**ドミナント戦略**である。

イモヅル復習問題 ➡Q042

正解 ウ

でる度★★★

Q053

企業経営で用いられるベンチマーキングの説明として，適切なものはどれか。

ア PDCAサイクルを適用して，ビジネスプロセスの継続的な改善を図ること

イ 改善を行う際に，比較や分析の対象とする最も優れた事例のこと

ウ 競合他社に対する優位性を確保するための独自のスキルや技術のこと

エ 自社の製品やサービスを測定し，他社の優れたそれらと比較すること

サクッと正解

ベンチマーキングは，他社の**ベストプラクティス**と自社の製品やサービスを比較する手法である。

イモヅル式解説

自社の製品やサービスを客観的に測定し，競合他社の最も優れた事例（ベストプラクティス）と比較（**エ**）し，不足している部分を把握して，そのギャップを埋めるための改善を進める手法は**ベンチマーキング**と呼ばれる。比較したい事象との差がわかる標準的な事柄を**ベンチマーク**といい，現状と理想との差異を把握する**ギャップ分析**〔➡**Q048**〕と併せて理解しよう。設問のPDCA〔➡**Q124**〕は，Plan（計画），Do（実行），Check（確認），Act（改善）という手順を繰り返すことで，業務を継続的に改善する手法である。

BPM〈=Business Process Management〉（**ア**）	Plan（計画），Do（実行），Check（確認），Act（改善）の頭文字のPDCAサイクルを適用して継続的な業務改善を図る。
ベストプラクティス（**イ**）	最も優れた事例のこと。
コアコンピタンス（**ウ**）	他社が簡単にまねできない独自の能力で，自社の核（コア）となる競争力（コンピタンス）の源泉。

イモヅル復習問題 ➡ **Q008，Q048**

正解 **エ**

でる度 ★★★

Q 054

自社の商品についてPPMを作図した。"金のなる木"に該当するものはどれか。

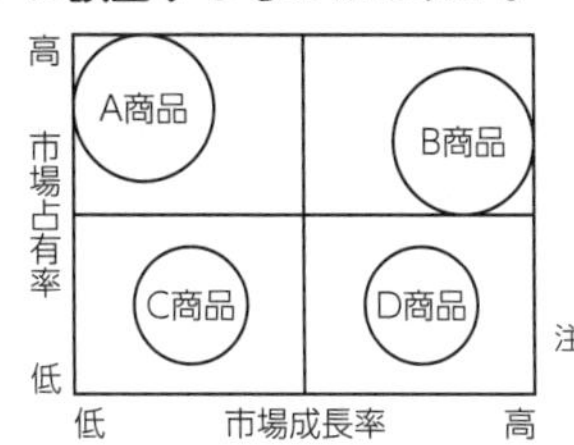

ア　A商品　　**イ**　B商品　　**ウ**　C商品　　**エ**　D商品

サクッと正解

プロダクトポートフォリオマネジメントとは，市場占有率と市場成長率で分析する手法のこと。

イモヅル式解説

プロダクトポートフォリオマネジメント〈＝Product Portfolio Management；PPM〉においての"**金のなる木**"は，**低**成長率の市場で自社商品の**市場占有**率が高いことから，安定した利益が継続して期待できる分野である。

PPMでは，縦軸と横軸に市場占有率と**市場成長**率をとり，4つの象限に区分したマトリックス図を使う。これに自社商品の市場における位置付けをマッピングし，自社がもつ資源の配分を検討する。

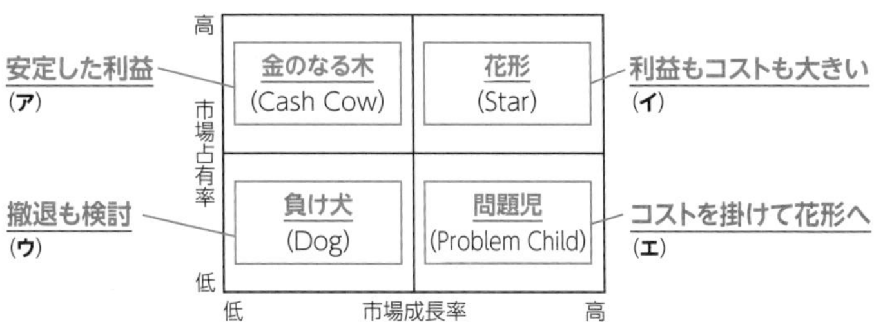

イモヅル復習問題 ➡ Q049

正解　ア

でる度★★★

Q055

事業環境の分析などに用いられる3C分析の説明として，適切なものはどれか。

ア　顧客，競合，自社の三つの観点から分析する。
イ　最新購買日，購買頻度，購買金額の三つの観点から分析する。
ウ　時代，年齢，世代の三つの要因に分解して分析する。
エ　総売上高の高い順に三つのグループに分類して分析する。

サクッと正解

3C分析の3Cとは，①顧客，②競合，③自社，の3つのこと。

イモヅル式解説

3C分析は，顧客（Customer），自社（Company），競合他社（Competitor）の頭文字を取った分析手法である（**ア**）。自社の置かれている事業環境の状況を分析する際に，この3つのカテゴリに分けて考える。試験に出る「～分析」をまとめて覚えよう。

RFM分析 （**イ**）〔➡**Q001**〕	Recency（最新購買日），Frequency（購買頻度），Monetary（累計購買金額）で購買行動を考えるフレームワーク。
コーホート分析（**ウ**）	時代，年齢，世代で考えるフレームワーク。
ABC分析 （**エ**）〔➡**Q001**〕	パレート図〔➡**Q002**〕で構成比率の高い順にランク付けすることで，項目の重要度を明確にする手法。
SWOT分析 〔➡**Q047**〕	自社の強み（Strength）と弱み（Weakness），自社を取り巻く外部の機会（Opportunity）と脅威（Threat）で考えるフレームワーク。
ファイブフォース分析	供給企業の交渉力，買い手の交渉力，競争企業間の敵対関係，新規参入者の脅威，代替品の脅威の5つで分析するフレームワーク。
回帰分析	因果関係があると思われる変数を用いて将来的な予測を試みる統計学的手法。
ビジネスインパクト分析	許容される最大停止時間を決定するなど，障害でシステムが停止した際の影響を評価する。

イモヅル復習問題 ➡ **Q001，Q002，Q047，Q048**

正解　**ア**

でる度 ★★☆

Q 056

インターネットショッピングにおいて，個人がアクセスしたWebページの閲覧履歴や商品の購入履歴を分析し，関心のありそうな情報を表示して別商品の購入を促すマーケティング手法はどれか。

ア アフィリエイト
イ オークション
ウ フラッシュマーケティング
エ レコメンデーション

サクッと正解

“あなたへのオススメはこちら！”と別商品の購入を促すことを**レコメンデーション**という。

イモヅル式解説

レコメンデーション（**エ**）は，顧客の購入履歴や利用履歴などのデータに基づき，商品やサービスをすすめて，新たな購買につなげようとする仕組みである。物品の販売に限らず，動画や音楽の配信サービスでも活用されているプロモーションである。

購入を促すマーケティング手法をまとめて覚えよう。

クロスセリング	目的の商品だけではなく，関連する商品も同時にすすめて販売額の向上を試みる手法。
アップセリング	目的の商品より高品質・高機能などの情報を伝えて推薦することで，より高額な商品の販売を試みる手法。
アフィリエイト（**ア**）	Webサイトやブログなどを経由して商品の購入や資料請求などがあると，Webサイト運営者に企業から紹介料が支払われる仕組み。
オークション（**イ**）	売り手が商品情報や売却条件を提示し，最高値を付けた買い手がその商品を落札できるという販売方法。インターネットによるオークションも普及している。
フラッシュマーケティング（**ウ**）	大幅な割引率のクーポンを配布したり，期間限定の販売を行ったりする集客と販売の手法。

正解 **エ**

でる度★★★

Q057

マーケティングミックスの4Pの一つであるプロモーションの戦略には，プッシュ戦略とプル戦略がある。メーカの販売促進策のうち，プル戦略に該当するものはどれか。

ア 商品知識やセールストークに関する販売員教育の強化
イ 販売員を店頭へ派遣する応援販売の実施
ウ 販売金額や販売量に応じて支払われる販売奨励金の増額
エ 販売店への客の誘導を図る広告宣伝の投入

サクッと正解

プッシュ戦略は販売店に自社商品を押し込む（プッシュ），**プル戦略**は消費者を引き込む（プル）プロモーション活動。

イモヅル式解説

プッシュ戦略は，販売店などにリベート（報奨金）を支払ったり，自社の販売員を販売店へ派遣して応援販売を行ったりして，自社商品の販売を促すプロモーションである。プル戦略（エ）は，積極的な広告宣伝を行うなど，消費者に働き掛けることで需要を喚起し，自社商品の販売を促すプロモーションである。

選択肢を検討すると，販売員の商品知識やセールストークに関するスキルを強化したり（ア），応援販売を行ったり（イ），販売店に販売奨励金を支払ったり（ウ）するのは，販売店への働き掛けなので，プッシュ戦略である。広告宣伝により，見込み客が自社製品を求めて販売店に足を向けるように誘導を図るのは，プル戦略である。

リスティング広告	検索エンジン〔➡Q077〕に入力した特定のキーワードに対し，関連する商品などを表示する広告の仕組み。
コンテンツ連動型広告	Webサイトの広告の閲覧者に，そのページの内容（コンテンツ）に関連する広告を自動的に表示する仕組み。
オムニチャネル	実店舗，ネットショップ，紙のカタログによる通信販売など，複数の流通経路で同じ商品を購入できる環境。

正解 エ

でる度★★★

Q 058 **材料調達から商品販売までの流れを一括管理して，供給の最適化を目指すシステムはどれか。**

ア ASP　　**イ** CRM
ウ ERP　　**エ** SCM

サクッと正解

ITの活用で製造から販売への流れを効率化する手法を**SCM**という。

イモヅル式解説

SCM〈=Supply Chain Management；**供給連鎖管理**〉（**エ**）は，材料や部品などの調達，製品の製造，販売店に届ける流通，顧客に売る販売，という一連の流れ（**サプライチェーン**）を，ITを活用してリアルタイムに管理するなど，効率化を図る手法である。品切れや過剰在庫を減らしたり，納期を短縮したりすることなどが可能になる。

そのほかの選択肢もまとめて覚えよう。

ASP〈=Application Service Provider〉（**ア**）	アプリケーションの機能をネットワーク経由で複数の顧客に提供するサービス形態。
CRM〈=Customer Relationship Management；**顧客関係管理**〉（**イ**）	企業内のすべての顧客チャネルで情報を共有し，サービスのレベルを引き上げることで顧客満足度を高め，顧客ロイヤルティの最適化に結び付けようとする考え方。
ERP〈=Enterprise Resource Planning；**企業資源計画**〉（**ウ**）	経営資源の有効活用の観点から企業活動全般を統合的に管理し，業務を横断的に連携させることによって，経営資源の最適化と経営の効率化を図る手法。
SFA〈=Sales Force Automation〉	ITを活用し，営業活動における情報やプロセスなどの可視化や自動化を行うことで，営業の効率化と品質向上を目指す営業支援の仕組み。
MRP〈=Material Requirements Planning；**資材所要量計画**〉	生産管理を効率化するためにITを活用し，生産計画や部品構成表，在庫量などから，資材の必要量や時期，場所などを管理する仕組み。

正解 **エ**

でる度 ★★☆

Q 059

特定の目的の達成や課題の解決をテーマとして，ソフトウェアの開発者や企画者などが短期集中的にアイディアを出し合い，ソフトウェアの開発などの共同作業を行い，成果を競い合うイベントはどれか。

ア　コンベンション　　**イ**　トレードフェア
ウ　ハッカソン　　**エ**　レセプション

サクッと正解

ソフトウェアの企画や開発などの成果を競うイベントを**ハッカソン**という。

イモヅル式解説

ハッカソン（ウ）は，ソフトウェアの開発者などが，短期間で集中してアプリケーションやサービスの開発などを行い，成果を競い合う教育・研修事業である。

そのほかの選択肢もまとめて覚えよう。

コンベンション（ア）	人や物，情報や知識などが集まり交流する仕組み。または展示会や会議のこと。
トレードフェア（イ）	起業家のような思考と行動の能力（アントレプレナーシップ）を発揮する人材の育成を目的とした実践的な教育活動。または見本市や商談会のこと。
レセプション（エ）	接待や歓迎などを目的として催されるイベント。または入り口に設けられた受付のこと。

ちょっと深掘り　フェアトレード

トレードフェアは，アントレプレナーシップを育成する活動だが，フェアトレード（Fairtrade）は，発展途上国における自立支援活動のことである。発展途上国で生産される農林水産物や工芸品を，不当に安く買い付けるのではなく，公正な価格で取り引きすることによって，搾取をなくし，生産者の自立を支援しようとする目的の活動である。

正解　ウ

でる度★★☆

Q■■■ 060

記述a〜cのうち，技術戦略に基づいて，技術開発計画を進めるときなどに用いられる技術ロードマップの特徴として，適切なものだけを全て挙げたものはどれか。

a　技術者の短期的な業績管理に向いている。

b　時間軸を考慮した技術投資の予算及び人材配分の計画がしやすい。

c　創造性に重きを置いて，時間軸は余り考慮しない。

ア a　**イ** a, b　**ウ** a, b, c　**エ** b

サクッと正解

技術ロードマップとは，技術的な発展を，時間軸とともに予測したもの。

イモヅル式解説

技術ロードマップは，研究開発への取組みによる要素技術や，求められる機能などの進展の道筋を，**時間**軸上に記載した図である。

設問の記述を検討すると，技術ロードマップは技術者の短期的な業績管理（a）ではなく，中長期的な戦略を描くものである。

将来の予測を表したものなので，時間軸を考慮した技術投資の予算及び人材配分の計画がしやすい（b）という記述は，技術ロードマップの特徴として正しい。逆に，技術ロードマップは，実現が期待できる技術的な発展を時間軸とともに予測しているので，創造性に重きを置いて時間軸は余り考慮しない（c）という記述は誤りである。

また，技術水準や技術の成熟度を軸にとったマトリックス図に，市場における自社技術の位置付けを示したものは，**技術ポートフォリオ**と呼ばれる。ポートフォリオは，本来「紙ばさみ」の意味であるが，作品集や一覧表という意味で，プロダクトポートフォリオマネジメント（PPM）〔➡Q054〕のように用いられる。

イモヅル復習問題 ➡Q054

正解　エ

でる度★★☆

Q 061 **技術開発戦略の立案，技術開発計画の策定などを行うマネジメント分野はどれか。**

ア　M&A
イ　MBA
ウ　MBO
エ　MOT

サクッと正解

技術を基盤にした経営管理手法は，**MOT**である。

イモヅル式解説

MOT（エ）とは，技術に立脚する事業を行う企業が，技術開発に投資してイノベーション〔➡Q043〕を促進し，事業を持続的に発展させていこうとする経営管理手法のこと。

技術を活用して価値を創造していくことを目指す組織のための経営学の領域であり，技術版MBA（イ）と解釈されている。

試験に出る「M～」をまとめて覚えよう。

MOT〈=Management Of Technology〉	技術経営
M&A〈=Mergers and Acquisitions〉（ア）〔➡Q005〕	合併と買収
MBA〈=Master of Business Administration〉	経営学修士の学位
MBO〈=Management BuyOut〉（ウ）〔➡Q005〕	経営陣への事業譲渡
MBO〈=Management by Objectives〉	目標管理制度
MRP〈=Material Requirements Planning〉〔➡Q058〕	資材所要量計画
M2M〈=Machine to Machine〉	機械（マシン）間の通信・制御
MDM〈=Mobile Device Management〉〔➡Q237〕	携帯端末の管理システム
MP3〈=MPEG-1 Audio Layer-3〉	ディジタル音声圧縮技術
MR〈=Mixed Reality；複合現実〉〔➡Q073〕	現実世界と仮想世界を融合させる技術

正解　エ

でる度 ★★★

Q062 業務と情報システムを最適にすることを目的に，例えばビジネス，データ，アプリケーション及び技術の四つの階層において，まず現状を把握し，目標とする理想像を設定する。次に現状と理想との乖離を明確にし，目標とする理想像に向けた改善活動を移行計画として定義する。このような最適化の手法として，最も適切なものはどれか。

ア BI（Business Intelligence）
イ EA（Enterprise Architecture）
ウ MOT（Management of Technology）
エ SOA（Service Oriented Architecture）

サクッと正解

現状と理想との乖離を明確にして最適化を図る手法は，**EA（Enterprise Architecture）**である。

イモヅル式解説

EA〈=Enterprise Architecture〉（**イ**）は，企業の業務と情報システムの現状を把握し，目標とすべき姿を設定して全体の最適化を図る手法である。

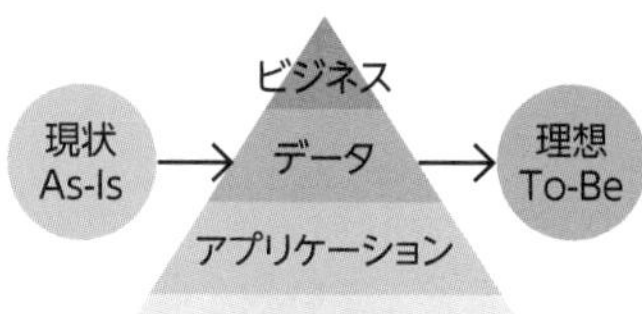

BI〈=Business Intelligence〉（**ア**）は，会計，販売，顧客などの蓄積されたデータを，迅速かつ効果的に検索・分析する機能をもち，経営などの意思決定を支援する手法である。**MOT**〈=Management Of Technology〉（**ウ**）〔➡**Q061**〕は，科学や工学などの技術や知識を経営やビジネスに結びつけ，経済的価値を創出する考え方や手法である。**SOA**〈=Service Oriented Architecture〉（**エ**）〔➡**Q086**〕は，サービスというコンポーネントからソフトウェアを構築することで，ビジネス変化に対応しやすくする手法である。

イモヅル復習問題 ➡ **Q061**

正解 イ

でる度 ★★★

Q063 **RPA（Robotic Process Automation）の事例として，最も適切なものはどれか。**

ア　高度で非定型な判断だけを人間の代わりに自動で行うソフトウェアが，求人サイトにエントリーされたデータから採用候補者を選定する。

イ　人間の形をしたロボットが，銀行の窓口での接客など非定型な業務を自動で行う。

ウ　ルール化された定型的な操作を人間の代わりに自動で行うソフトウェアが，インターネットで受け付けた注文データを配送システムに転記する。

エ　ロボットが，工場の製造現場で組立てなどの定型的な作業を人間の代わりに自動で行う。

サクッと正解

RPAとは，定型的な作業をソフトウェアで自動化する仕組みのこと。

イモヅル式解説

RPA〈=Robotic Process Automation〉は，ホワイトカラーが行っている単純な間接部門の作業を，ルールエンジンや認知技術などを活用したソフトウェアで代行することで，**自動化**や**効率化**を図るシステムである（**ウ**）。RPAは高度で非定型な判断を人間の代わりに自動で行う（**ア**）のではなく，**定型的**な操作を自動で行うものである。

また，RPAは，人間の形をしたロボット（**イ**）や製造用のロボット（**エ**）ではなく，**ソフトウェア**で行うシステムである。

ちょっと深掘り　BPO

RPAのソフトウェアによる社内での代行に限らず，一部の業務を外部の事業者に委託する場合もあり，BPO〈=Business Process Outsourcing〉〔➡**Q011**〕と呼んでいる。たとえば，「税務に関する業務を会計事務所に依頼する」などがある。自社のリソースを重要な領域に集中したり，コストの最適化や業務の高効率化などを実現したりすることができる。

正解　**ウ**

でる度★★★

Q064 **RFIDの活用によって可能となる事柄として，適切なものはどれか。**

ア　移動しているタクシーの現在位置をリアルタイムで把握する。
イ　インターネット販売などで情報を暗号化して通信の安全性を確保する。
ウ　入館時に指紋や虹彩といった身体的特徴を識別して個人を認証する。
エ　本の貸出時や返却の際に複数の本を一度にまとめて処理する。

サクッと正解

RFIDとは，ICタグを利用した無線の自動認識技術のこと。

イモヅル式解説

RFID〈=Radio Frequency Identification〉とは，ID情報を埋め込んだ極小の集積回路（ICタグ）とアンテナを組み合わせたもの。

電子荷札に利用され，無線の自動認識技術によって対象の識別や位置確認などができる。汚れに強く，記録された情報を梱包の外から読み取れるという利点がある。

RFIDのICタグのイメージ

RFIDは数cm～数mの近距離でしか通信できないので，タクシーの現在位置をリアルタイムで把握する（**ア**）ことはできない。暗号化して通信の安全性を確保する（**イ**）機能はなく，身体的特徴を識別して個人を認証する（**ウ**）**バイオメトリクス認証**〔➡Q225〕の機能もない。

無線によるデータ通信なので，物理的に読み取り装置に触れる必要はなく，受付カウンターに置くだけで複数のタグを読み取ることができ，本の貸出時や返却の際に複数の本を一度にまとめて処理できる（**エ**）。

正解 **エ**

でる度 ★★☆

Q065

統計学や機械学習などの手法を用いて大量のデータを解析して，新たなサービスや価値を生み出すためのヒントやアイディアを抽出する役割が重要となっている。その役割を担う人材として，最も適切なものはどれか。

ア ITストラテジスト
イ システムアーキテクト
ウ システムアナリスト
エ データサイエンティスト

サクッと正解

ビッグデータから新たな価値を創造する人材を**データサイエンティスト**という。

イモヅル式解説

データサイエンスとは，データと統計学や情報科学といった知識・スキルを駆使し，新たな知見を引き出そうとする科学的なアプローチのこと。**データサイエンティスト**（**エ**）は，ビッグデータ 〔➡Q076〕 などを有効活用して事業価値を生み出す役割を担う専門人材である。

設問の**機械学習**は，記憶したデータから特定のパターンを見つけ出すなど，人間が自然に行っている学習能力をコンピュータで再現しようとする技術である。

そのほかの選択肢の人材もまとめて覚えよう。

ITストラテジスト（**ア**）	ITを活用した経営戦略の立案を行い，経営戦略に基づいたIT戦略策定の中心的な役割を担う人材。
システムアーキテクト（**イ**）	システム開発における要件定義，アーキテクチャの設計・開発の中心的な役割を担う人材。
システムアナリスト（**ウ**）	システム開発計画の策定や導入の支援・監修において中心的な役割を担う人材。

イモヅル復習問題 ➡Q020

正解 エ

Q066

業務プロセスを，例示するUMLのアクティビティ図を使ってモデリングしたとき，表現できるものはどれか。

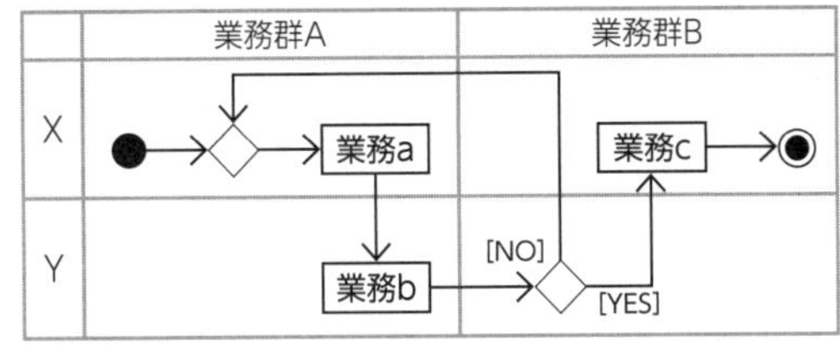

ア　業務で必要となるコスト
イ　業務で必要となる時間
ウ　業務で必要となる成果物の品質指標
エ　業務で必要となる人の役割

サクッと正解

アクティビティ図は，業務の流れと条件分岐を図解したもので，必要となる人の役割を表せる。

イモヅル式解説

UML〈=Unified Modeling Language〉とは，オブジェクト指向によるソフトウェア開発で使用される**統一モデリング言語**のこと。**モデリング**は，対象をモデル（見本）に動作や行動などを表現することである。

アクティビティ図は，UMLのうち，処理の分岐や同期，並行処理などを記述し，業務フローを表現する図である。次のような記号を用いて，開始から終了までのフローで，業務で必要な人の役割（**エ**）を表現する。

開始状態	●
終了状態	◉
アクション状態	（アクション名）
判断	→◇→
コントロールフロー	⟶

なお，アクティビティ図がわからなくても業務フローを表現している図とわかれば，コスト（**ア**）や時間（**イ**），成果物の品質指標（**ウ**）ではないことが判断できる。

正解　**エ**

でる度★★★

Q067

インダストリー4.0から顕著になった取組に関する記述として，最も適切なものはどれか。

ア　顧客ごとに異なる個別仕様の製品の，多様なITによるコスト低減と短納期での提供

イ　蒸気機関という動力を獲得したことによる，軽工業における，手作業による製品の生産から，工場制機械工業による生産への移行

ウ　製造工程のコンピュータ制御に基づく自動化による，大量生産品の更なる低コストでの製造

エ　動力の電力や石油への移行とともに，統計的手法を使った科学的生産管理による，同一規格の製品のベルトコンベア方式での大量生産

サクッと正解

インダストリー4.0は，多様なITによるコスト低減と納期短縮などを実現する第４次産業革命である。

イモヅル式解説

インダストリー4.0は「**第4次産業革命**」という意味。工場内の機器の**IoT**〔➡Q072〕化や，**M2M**〔➡Q061〕などの機能を備えた**スマート工場**を中心として，エコシステムを構築することを主眼としている。こうした技術によりコスト低減と短納期での提供（**ア**）が可能となる。

下表の第１次〜第３次の産業革命に続く変化として位置付けられている。

第1次産業革命	蒸気機関という動力を獲得したことで，軽工業での手作業による生産から，工場制機械工業による生産へ移行（**イ**）。
第2次産業革命	動力の電力や石油への移行とともに，統計的手法を使った科学的生産管理による，同一規格の製品のベルトコンベア方式での大量生産（**エ**）。
第3次産業革命	製造工程のコンピュータ制御に基づく自動化による，大量生産品のさらなる低コストでの製造（**ウ**）。

イモヅル復習問題 ➡**Q061**

正解　**ア**

システム戦略

でる度★★★

Q 068 **"クラウドコンピューティング"に関する記述として，適切なものはどれか。**

ア インターネットの通信プロトコル
イ コンピュータ資源の提供に関するサービスモデル
ウ 仕様変更に柔軟に対応できるソフトウェア開発の手法
エ 電子商取引などに使われる電子データ交換の規格

1 ストラテジ系

サクッと正解

クラウドコンピューティングとは，ソフトウェアなどをインターネット経由で提供する仕組みのこと。

イモヅル式解説

クラウドコンピューティングは，コンピュータ資源をネットワーク経由で提供するサービスモデル（**イ**）である。スケーラビリティ（Scalability；拡張性）〔➡Q190〕やアベイラビリティ（Availability；可用性・有用性）の高いサービスを提供できる。

利用者からみれば，従来は自社でハードウェアやソフトウェア，データを保存するストレージなど，コンピュータ資源を用意する必要があった。クラウドコンピューティングでは，これらがインターネットに接続するだけで利用できるようになり，購入や管理のコスト削減も期待できる。

そのほかの選択肢の内容も確認しておこう。

- インターネットの**通信プロトコル**（**ア**）〔➡Q198〕は，TCP/IP〈= Transmission Control Protocol/Internet Protocol〉である。通信プロトコルとは，データ通信を行うときの**手順**や規約のこと。
- 仕様変更に柔軟に対応できるソフトウェア開発の手法（**ウ**）は，**アジャイル開発**〔➡Q099〕やスクラム開発〔➡Q100〕などである。
- 電子商取引などに使われる電子データ交換の規格（**エ**）は，**EDI**〈= Electronic Data Interchange〉〔➡Q078〕などである。

正解 **イ**

でる度 ★★★

Q 069

自社の情報システムを，自社が管理する設備内に導入して運用する形態を表す用語はどれか。

ア アウトソーシング
イ オンプレミス
ウ クラウドコンピューティング
エ グリッドコンピューティング

サクッと正解

自社内にシステムを用意して自社で運用する形態を**オンプレミス**という。

イモヅル式解説

オンプレミス（On Premises）（**イ**）は，自社の情報システムを，自社が管理している設備内に設置し，自社で管理して運用することである。

オンプレミスは，インターネット経由で利用するクラウドコンピューティング，サーバの運用管理をアウトソーシングする**ホスティング（レンタルサーバ）**，自社が保有する情報システムを他社の設備内で運用管理する**ハウジング**などの利用形態に対する用語である。

そのほかの選択肢もまとめて覚えよう。

アウトソーシング（**ア**）	自社の業務を外部へ委託すること。
クラウドコンピューティング（**ウ**）〔➡**Q068**〕	ソフトウェアなどをインターネット経由で利用する形態。
グリッドコンピューティング（**エ**）	ネットワークに接続されている複数のプロセッサに処理を分散するシステム。

正解 イ

Q070

自社のWebサイトのコンテンツのバージョン管理や公開に労力が割かれている。それを改善するために導入するシステムとして，適切なものはどれか。

ア CAD
イ CMS
ウ CRM
エ SFA

サクッと正解

Webサイトなどのコンテンツを管理するシステムを**CMS**という。

イモヅル式解説

CMS〈=Contents Management System〉（**イ**）は，Webサイトを構成するディジタルコンテンツに，統合的・体系的な管理や配信などを目的として，必要な処理を行うコンテンツ管理システムである。Webサイトや社内ネットワークのポータルサイトなどの構築や管理に活用されている。

個人でも利用できる汎用的なCMSの多くは，わかりやすいユーザインタフェースがあり，ログインするだけでコンテンツの作成，編集，変更などの開発環境を得られるものが多い。

そのほかの選択肢もまとめて覚えよう。

CAD〈=Computer Aided Design〉（**ア**）	コンピュータを利用して建築や製品などの設計を行うこと。
CRM〈=Customer Relationship Management；顧客関係管理〉（**ウ**）〔➡**Q058**〕	企業内のすべての顧客チャネルで情報を共有し，サービスのレベルを向上させ，顧客満足度を高めようとする考え方。
SFA〈=Sales Force Automation〉（**エ**）〔➡**Q058**〕	営業活動にITを活用し，営業の効率と品質を高め，売上や利益の大幅な増加，顧客満足度の向上を目指す仕組み。

イモヅル復習問題 ➡**Q014，Q019，Q058**

正解 
イ

でる度★★★

Q071 BYODの説明として，適切なものはどれか。

ア　企業などにおいて，従業員が私物の情報端末を自社のネットワークに接続するなどして，業務で利用できるようにすること

イ　業務プロセスを抜本的に改革し，ITを駆使して業務の処理能力とコスト効率を高めること

ウ　事故や災害が発生した場合でも，安定的に業務を遂行できるようにするための事業継続計画のこと

エ　自社の業務プロセスの一部を，子会社や外部の専門的な企業に委託し，業務の効率化を図ること

サクッと正解

BYODとは，私物の情報端末を業務で使うこと。

イモヅル式解説

BYOD〈=Bring Your Own Device〉は，個人で所有しているPCやタブレット，スマートフォンなどの情報端末を業務で使用すること（ア）である。企業からすると，業務で使用する情報端末を従業員それぞれに与えるコストが掛からないという利点がある反面，端末やデータの紛失，機密情報の持出しやマルウェアへの感染などのセキュリティに関する不安もある。

そのほかの選択肢の内容も確認しておこう。

- 業務プロセスを抜本的に改革し，ITを駆使して業務の処理能力とコスト効率を高めることは，BPR〈=Business Process Re-engineering〉（イ）である。
- 事故や災害が発生した場合でも，安定的に業務を遂行できるようにするための事業継続計画は，BCP〈=Business Continuity Plan〉（ウ）〔➡Q007〕である。
- 自社の業務プロセスの一部を，子会社や外部の専門的な企業に委託し，業務の効率化を図ることは，BPO〈=Business Process Outsourcing〉（エ）〔➡Q011〕である。

イモヅル復習問題 ➡Q011

正解　ア

Q072 IoTに関する記述として，最も適切なものはどれか。

ア　人工知能における学習の仕組み
イ　センサを搭載した機器や制御装置などが直接インターネットにつながり，それらがネットワークを通じて様々な情報をやり取りする仕組み
ウ　ソフトウェアの機能の一部を，ほかのプログラムで利用できるように公開する関数や手続の集まり
エ　ソフトウェアのロボットを利用して，定型的な仕事を効率化するツール

サクッと正解

IoTとは，もともと情報通信機器ではないモノが，直接インターネットにつながって情報交換をする仕組みのこと。

イモヅル式解説

IoT〈=Internet of Things；モノのインターネット〉は，コンピュータなどの情報通信機器に限らず，様々なモノに通信機能をもたせてインターネットに接続することにより，自動認識や遠隔操作などを可能にし，大量のデータを収集・分析して高度なサービスや自動制御などを実現する仕組み（**イ**）である。

- 人工知能における学習の仕組み（**ア**）は，**機械学習**〔➡Q065〕など。
- 機能の一部を，ほかのプログラムで利用できるように公開する関数や手続の集まり（**ウ**）は，**API**〈=Application Program Interface〉である。
- ソフトウェアのロボットを利用して，定型的な仕事を効率化するツール（**エ**）は，**RPA**〈=Robotic Process Automation〉〔➡Q063〕である。

ちょっと深掘り　ゲーミフィケーション

ゲームにおけるルールや競争原理を，ゲーム以外の場面に応用すること。営業成績をグラフィカルな表現で示したり，ポイントにより特典が得られる制度にしたりすることで，従業員や顧客などの動機付けを高める目的がある。

イモヅル復習問題 ➡ **Q017，Q020，Q063，Q065，Q067**　　正解　**イ**

でる度★★★

Q073 **プロの棋士に勝利するまでに将棋ソフトウェアの能力が向上した。この将棋ソフトウェアの能力向上の中核となった技術として，最も適切なものはどれか。**

ア VR　**イ** ER　**ウ** EC　**エ** AI

サクッと正解

将棋ソフトウェアが強くなったのは，**AI**における機械学習の成果である。

イモヅル式解説

将棋ソフトウェアの能力が向上したのは，**AI**〈=Artificial Intelligence；人工知能〉（**エ**）〔➡**Q020**〕における**機械学習**〔➡**Q065**〕での発展が進んだからである。AIには，人間の学習や推論，言語理解などの知的な作業を，コンピュータを用いて模倣するための科学や技術が導入されている。機械学習は，記憶したデータからパターンを見つけ出すなど，人間が自然に行っている学習能力をコンピュータで再現しようとする技術である。

VR〈=Virtual Reality〉（**ア**）	人間にとって自然な3次元の**仮想現実**を構成し，ヘッドマウントディスプレイなどのハードウェアを装着することで，実際には存在しない場所や世界を，あたかも現実のように体感できる技術。
AR〈=Augmented Reality〉	現実世界のカメラ映像などに，コンピュータが作り出す情報を重ね合わせて**拡張現実**を構築する技術。
MR〈=Mixed Reality〉	現実世界と仮想世界を融合させたうえで，位置関係をリアルタイムに把握して現実に影響を及ぼす**複合現実**を構築する技術。
ER〈=Entity Relationship Diagram；E-R図〉（**イ**）〔➡**Q195**〕	対象業務をデータ構造に着目して可視化するとき，データを実体，関連，属性という3つの要素でモデル化する表記法。
EC〈=Electronic Commerce〉（**ウ**）	消費者向けや企業間の商取引を，インターネットなどの電子的なネットワークを活用して行うこと。

イモヅル復習問題 ➡ **Q072**

正解 **エ**

でる度 ★★★

Q 074

人間の脳神経の仕組みをモデルにして，コンピュータプログラムで模したものを表す用語はどれか。

ア ソーシャルネットワーク
イ デジタルトランスフォーメーション
ウ ニューラルネットワーク
エ ブレーンストーミング

サクッと正解

コンピュータで人間の脳神経の仕組みを模したものは，**ニューラルネットワーク**である。

イモヅル式解説

ニューラルネットワーク（ウ）は，AI（人工知能）〔➡Q020〕に関する技術のうち，人間の脳神経の仕組みをモデルにして脳の働きをコンピュータプログラムで模倣したものである。機械学習〔➡Q065〕の深層学習（ディープラーニング）〔➡Q019〕などで活用される。

ソーシャルネットワーク（ア）	SNS〈=Social Networking Service〉〔➡Q077〕など，人がつながるためのネットワーク及びサービスの総称。
デジタルトランスフォーメーション（DX）（イ）	ITを活用した製品やサービス，ビジネスモデルの変革とともに，業務や組織，プロセス，企業文化・風土を変革し，競争上の優位性を確立すること。
ブレーンストーミング（エ）〔➡Q015〕	多様な意見やアイディアを収集する目的で，自由奔放な発言を歓迎する会議の手法。

イモヅル復習問題 ➡Q020，Q072，Q073

正解 ウ

でる度★★☆

Q075

教師あり学習の事例に関する記述として，最も適切なものはどれか。

ア　衣料品を販売するサイトで，利用者が気に入った服の画像を送信すると，画像の特徴から利用者の好みを自動的に把握し，好みに合った商品を提案する。

イ　気温，天候，積雪，風などの条件を与えて，あらかじめ準備しておいたルールベースのプログラムによって，ゲレンデの状態がスキーに適しているか判断する。

ウ　麺類の山からアームを使って一人分を取り，容器に盛り付ける動作の訓練を繰り返したロボットが，弁当の盛り付けを上手に行う。

エ　録音された乳児の泣き声と，泣いている原因から成るデータを収集して入力することによって，乳児が泣いている原因を泣き声から推測する。

サクッと正解

教師あり学習の事例のひとつは，AIに正解データを入力して，推論ができるように学習させることである。

イモヅル式解説

AI（人工知能）〔➡Q020〕に学習をさせる方法は，教師あり学習，教師なし学習，強化学習に大別できる。

教師あり学習	事前に正解データを提示したり，データの誤りを指摘したりすることで学習させる手法。
教師なし学習	正解データは与えず，データをグループ化（クラスタリング）したり特徴を抽出したりすることで学習させる手法。
強化学習	判断した個々の行動に報酬を与えることで，より適切な判断の精度を高めるように学習させる手法。

（エ）は正解データが入力されているので教師あり学習，好みを自動的に把握する（ア）のは教師なし学習，訓練を繰り返したロボットが上手になる（ウ）のは強化学習である。（イ）は機械学習の手法ではない。

イモヅル復習問題 ➡ Q074

正解　エ

でる度 ★★★

Q 076

ビッグデータの分析に関する記述として，最も適切なものはどれか。

ア 大量のデータから未知の状況を予測するためには，統計学的な分析手法に加え，機械学習を用いた分析も有効である。

イ テキストデータ以外の，動画や画像，音声データは，分析の対象として扱うことができない。

ウ 電子掲示板のコメントやSNSのメッセージ，Webサイトの検索履歴など，人間の発信する情報だけが，人間の行動を分析することに用いられる。

エ ブログの書き込みのような，分析されることを前提としていないデータについては，分析の目的にかかわらず，対象から除外する。

サクッと正解

ビッグデータの分析には，機械学習を用いた分析も有効である。

イモヅル式解説

ビッグデータとは，大量かつ多種多様な形式で，**リアルタイム性**を有する情報のこと。つまり，ビッグデータの分析は，静的なデータだけではなく，Webサイトの検索履歴など，リアルタイム性の高いデータも分析の対象としている。従来は処理し切れなかった膨大なデータから未知の状況を予測するためには，統計学的な理論に基づいた分析手法に加え，機械学習を用いたAIによる分析も有効である（**ア**）。

ビッグデータでは多種多様な形式を扱うため，テキストデータだけではなく，動画や画像，音声データ（**イ**）も分析の対象として扱うことが適切である。人間の発信する情報だけ（**ウ**）ではなく，**GPS**〈= Global Positioning System；全地球測位システム〉〔➡**Q160**〕やIoT〔➡**Q072**〕で活用されるセンサなどから得られる情報，AIによって生成されたデータも対象となる。また，リアルタイム性を有する情報として，ブログやSNSに投稿された情報（**エ**）なども分析の対象となり得る。

イモヅル復習問題 ➡ **Q072，Q073，Q074，Q075**

正解 **ア**

でる度★★☆

Q077 **インターネットの検索エンジンの検索結果において，自社のホームページの表示順位を，より上位にしようとするための技法や手法の総称はどれか。**

ア DNS　**イ** RSS　**ウ** SEO　**エ** SNS

サクッと正解

検索結果で上位に表示されるようにするテクニックは，**SEO**である。

イモヅル式解説

SEO〈=Search Engine Optimization〉（**ウ**）とは，Googleなどの検索エンジンが提供する検索結果の一覧において，自社サイトがより上位に表示されるようにWebページの記述内容を見直すなど，様々な試みを行うこと。「検索エンジン最適化」とも呼ばれる。

そのほかの選択肢もまとめて覚えよう。

DNS〈=Domain Name System〉（**ア**）〔➡**Q202**〕	「impress.co.jp」や「rakupass.com」などのドメイン名を，数字の羅列であるIPアドレスに対応させるシステム。
RSS〈=Rich Site Summary / RDF Site Summary〉（**イ**）	Webサイトの更新情報を通知するための仕組み。Webサイトに直接アクセスしなくてもRSSリーダで更新通知を取得できる。
SNS〈=Social Networking Service〉（**エ**）	コミュニティ型のWebサイト及びネットワークサービスにより，人と人とのつながりを促進するコンテンツを共有するサービス。

ちょっと深掘り **行動ターゲティング**

検索したキーワード履歴，アクセスしたWebページ，購買履歴などのデータを使用し，利用者の興味のあるテーマやコンテンツを解析することで，関連する広告を利用者の閲覧しているWebサイトに表示するディジタルマーケティングの手法。

正解 ウ

でる度★★★

Q078 受発注や決済などの業務で，ネットワークを利用して企業間でデータをやり取りするものはどれか。

ア　B to C　　イ　CDN　　ウ　EDI　　エ　SNS

サクッと正解

受発注や決済などをディジタルデータでやり取りできるようにしたものは，**EDI**である。

イモヅル式解説

EDI〈=Electronic Data Interchange〉（ウ）は，商取引のための標準的な規約に基づき，インターネットでディジタルデータをやり取りするための仕組みである。

そのほかの選択肢もまとめて覚えよう。

B to C〈=Business to Customer〉（ア）	企業と消費者の間の商取引。
CDN〈=Contents Delivery Network〉（イ）	Webコンテンツの配信を高速化・最適化する環境。動画や音声などの大容量のデータを利用する際，インターネット回線の負荷を軽減するようにサーバを分散配置する。
SNS〈=Social Networking Service〉（エ）〔➡Q077〕	コミュニティ型のWebサイト及びネットワークサービスにより，人と人とのつながりを促進するコンテンツを共有するサービス。

ちょっと深掘り　EOSとEOB

EOS〈=Electronic Ordering System〉は，企業が発注先に対し，インターネットを介して発注情報を送信するシステムである。また，EOB〈=Electric Order Book〉はEOSの形態のひとつで，発注情報を入力する端末から，本部や仕入先にデータを送信して発注を行うシステムである。

イモヅル復習問題 ➡Q077

正解　ウ

でる度★★★

Q079

クラウドファンディングは，資金提供の形態や対価の受領の仕方の違いによって，貸付型，寄付型，購入型，投資型などの種類に分けられる。A社は新規事業の資金調達を行うために，クラウドファンディングを通じて資金提供者と匿名組合契約を締結し，利益の一部を配当金として資金提供者に支払うことにした。A社が利用したクラウドファンディングの種類として，最も適切なものはどれか。

ア 貸付型クラウドファンディング
イ 寄付型クラウドファンディング
ウ 購入型クラウドファンディング
エ 投資型クラウドファンディング

サクッと正解

利益の一部を配当金として資金提供者に支払うのは，**投資型クラウドファンディング**である。

イモヅル式解説

クラウドファンディングは，Webサイトに公開されたプロジェクトの事業計画に協賛し，その見返りとして製品やサービスを受け取ることを期待する不特定多数の資金提供者から小口資金を調達する仕組みである。クラウドファンディングには，主に次の4種類がある。

貸付型クラウドファンディング（ア）	ソーシャルレンディングとも呼ばれ，資金提供者が利子を付けて資金を貸し出す。
寄付型クラウドファンディング（イ）	資金提供者が見返りを求めずに資金を寄付する。
購入型クラウドファンディング（ウ）	資金提供者が資金を提供する見返りとして，関連する製品やサービスなどを受け取る。
投資型クラウドファンディング（エ）	資金提供者が資金を提供する見返りとして，新規事業の利益の一部が配当金や分配金などで支払われる。

イモヅル復習問題 ➡ Q017

正解 エ

でる度★★★

Q080

暗号資産に関する記述として，最も適切なものはどれか。

ア　暗号資産交換業の登録業者であっても，利用者の情報管理が不適切なケースがあるので，登録が無くても信頼できる業者を選ぶ。

イ　暗号資産の価格変動には制限が設けられているので，価値が急落したり，突然無価値になるリスクは考えなくてよい。

ウ　暗号資産の利用者は，暗号資産交換業者から契約の内容などの説明を受け，取引内容やリスク，手数料などについて把握しておくとよい。

エ　金融庁や財務局などの官公署は，安全性が優れた暗号資産の情報提供を行っているので，官公署の職員から勧められた暗号資産を主に取引する。

サクッと正解

暗号資産を利用するには，取引内容やリスク，手数料などを正しく把握する必要がある。

イモヅル式解説

暗号資産（仮想通貨）は，**ブロックチェーン**〔➡Q228〕と呼ばれる**分散型台帳技術**を基盤に開発された，インターネット上でやり取りできる資産といわれている。暗号資産は，円やドルなどの法定通貨と異なるリスクやトラブルが存在する。暗号資産の利用者は，**暗号資産交換業者**から契約内容などの説明を受け，取引内容やリスク，手数料などについて把握しておく（ウ）必要がある。

日本国内で暗号資産と法定通貨の交換サービスを行うには，**暗号資産交換業の登録**が必要である。登録がない者は暗号資産交換業を行うことはできないため，**ア**は誤り。暗号資産は法定通貨建ての資産ではなく，価格変動の制限もないため，価値が急落したり無価値になったりするリスクがあり，**イ**は誤り。官公署の職員が暗号資産の銘柄を勧めることはないため，**エ**は誤りである。

正解　**ウ**

でる度 ★★★

Q081

コンピュータなどの情報機器を使いこなせる人と使いこなせない人との間に生じる，入手できる情報の質，量や収入などの格差を表す用語はどれか。

ア ソーシャルネットワーキングサービス
イ ディジタルサイネージ
ウ ディジタルディバイド
エ ディジタルネイティブ

サクッと正解

ITを活用できる人とできない人との格差は，**ディジタルディバイド**である。

イモヅル式解説

ディジタルディバイド（**ウ**）は，PCや情報機器などを利用する能力や機会の違いにより，経済的または社会的な格差が生じることである。そのほかの選択肢もまとめて覚えよう。

ソーシャルネットワーキングサービス（SNS） （**ア**）〔**➡Q077**〕	コミュニティ型のWebサイト及びネットワークサービスにより，人と人とのつながりを促進するコンテンツを共有するサービス。
ディジタルサイネージ （**イ**）	ディスプレイに文字や映像などの情報を表示する電子看板。
ディジタルネイティブ （**エ**）	生まれたときからインターネットが身近にあり，PCやスマートフォンなどがある時代に育った世代。

ちょっと深掘り ユニバーサルサービスとディジタルデモクラシー

ユニバーサルサービス（Universal Service）とは，地域や職業などの格差がなく，妥当な料金で平等に利用できる通信や放送のサービスのこと。

ディジタルデモクラシー（Digital Democracy）とは，インターネットなどを活用することで，住民が直接，政府や自治体の政策に参画できること。

イモヅル復習問題 ➡ **Q077，Q078**

正解 **ウ**

でる度★☆☆

Q 082

政府が定める“人間中心のAI社会原則”では，三つの価値を理念として尊重し，その実現を追求する社会を構築していくべきとしている。実現を追求していくべき社会の姿だけを全て挙げたものはどれか。

a 持続性ある社会
b 多様な背景を持つ人々が多様な幸せを追求できる社会
c 人間があらゆる労働から解放される社会
d 人間の尊厳が尊重される社会

ア a, b, c　**イ** a, b, d　**ウ** a, c, d　**エ** b, c, d

サクッと正解

“人間中心のAI社会原則”は，尊厳の尊重，多様性，持続性の3つ。

イモヅル式解説

“人間中心のAI社会原則”では，AI活用による効率性や利便性から得られる利益が，人々や社会への還元にとどまらず，人類の公共財としてAIを活用し，社会の在り方の質的変化や真の**イノベーション**〔➡Q043〕を通じて，**SDGs**〔➡Q041〕などで指摘される地球規模の**持続可能性**へとつなげることが重要と考えている。次の3つの価値を尊重し，その実現を追求する社会を構築していくべきことを基本理念としている。

①**人間の尊厳が尊重される社会**（d）：AIを使いこなすことで人間がさらに能力を発揮し，より高い創造性を生み出したり，やりがいのある仕事に従事したりすることで，物質的にも精神的にも豊かな生活を送れるような，人間の尊厳が尊重される社会を構築する必要がある。

②**多様な背景をもつ人々が多様な幸せを追求できる社会**（b）：AI技術は，人々が多様な幸せを追求し，新たな価値を創造できる社会に近づく１つの有力な道具となり得る。AIの適切な開発と展開により，社会の在り方を変革していく必要がある。

③**持続性ある社会**（a）：AIの活用によりビジネスやソリューションを次々と生み出し，社会の格差を解消し，環境問題や気候変動などにも対応可能な持続性のある社会を構築する方向へ展開させる必要がある。

イモヅル復習問題 ➡Q041

正解 **イ**

でる度★★☆

Q083

Just In Timeの導入によって解決が期待できる課題として，適切なものはどれか。

ア 営業部門の生産性を向上する。
イ 顧客との長期的な関係を構築する。
ウ 商品の販売状況を単品単位で把握する。
エ 半製品や部品在庫数を削減する。

サクッと正解

JIT〈=Just In Time〉とは，必要なモノを，必要なときに，必要な量だけ生産する方式のこと。

イモヅル式解説

Just In Time〈=JIT；ジャストインタイム生産方式〉は，製造工程の各現場で，後工程からの指示や要求に従って前工程の生産を行う方式で，半製品・仕掛品，部品などの在庫数を削減し，無駄を省く効果がある（**エ**）。そのほかの選択肢も確認しておこう。

営業部門の生産性を向上する（**ア**）のは，SFA〔➡Q058〕の導入効果である。顧客との長期的な関係を構築する（**イ**）のは，CRM〔➡Q058〕の導入効果である。商品の販売状況を単品単位で把握できる（**ウ**）のは，POSの導入効果である。

セル生産方式	製造中の仕掛品の移動がなく，1人または数人の作業員が生産の全工程を担当する方式。
ライン生産方式	ベルトコンベアなどで移動してくる仕掛品に部品の追加や加工を施して次工程に送る方式。同じ製品を大量に製造するのに適している。
見込み生産方式	生産開始時の計画に基づき，見込み数量を生産する方式。需要予測の精度が悪いと，過剰在庫や在庫不足による受注機会の損失を招くリスクがある。
受注生産方式	顧客からの注文を受けてから生産を開始する方式。BTO〈=Build to Order〉やオーダーメイドとも呼ばれる。製品が過剰在庫となるリスクがない。

イモヅル復習問題 ➡ Q014，Q019，Q058，Q070

正解 **エ**

Q□□□ 084

製品の開発から出荷までの工程を開発，生産計画，製造，出荷とするとき，FMS（Flexible Manufacturing System）の導入によって省力化，高効率化できる工程として，適切なものはどれか。

ア 開発　**イ** 生産計画　**ウ** 製造　**エ** 出荷

サクッと正解

FMSとは，製造工程を省力化・高効率化する仕組みのこと。

イモヅル式解説

FMS〈=Flexible Manufacturing System〉は，数値制御（NC）による工作機械，自動搬送装置，倉庫などを，ITを活用して有機的に結合し，コンピュータで集中管理することによって，多品種少量生産に対応する生産の自動化を実現するシステムである。これは製造（**ウ**）の工程で，省力化や高効率化が期待できる。

そのほかの選択肢の内容も確認しておこう。

- 開発（**ア**）の高効率化については，コンカレントエンジニアリング〔➡**Q085**〕などがある。
- 生産計画（**イ**）の高効率化が期待できるのは，MRP〈=Material Requirements Planning〉〔➡**Q058**〕である。
- 出荷（**エ**）や流通，サプライチェーンの高効率化が期待できるのは，SCM〈=Supply Chain Management〉〔➡**Q058**〕や**ロジスティクス**〔➡**Q052**〕である。

ちょっと深掘り **リーン生産方式**

製造工程の無駄を省く生産方式や考え方。日本のジャストインタイム〔➡**Q083**〕やかんばん方式などの生産活動を研究し，必要なモノを，必要なときに，必要な量だけ生産する手法である。かんばん方式は，ジャストインタイムなどで用いられる生産管理方式のひとつ。工程間の中間在庫を最適化するため，後工程から前工程への生産指示や，前工程から後工程への部品の引渡しの際，品番などを記録した「かんばん」と呼ばれる伝票を活用する。

イモヅル復習問題 ➡ **Q052，Q058**

正解 **ウ**

でる度★★★

Q 085

コンカレントエンジニアリングの説明として，適切なものはどれか。

ア　既存の製品を分解し，構造を解明することによって，技術を獲得する手法

イ　仕事の流れや方法を根本的に見直すことによって，望ましい業務の姿に変革する手法

ウ　条件を適切に設定することによって，なるべく少ない回数で効率的に実験を実施する手法

エ　製品の企画，設計，生産などの各工程をできるだけ並行して進めることによって，全体の期間を短縮する手法

サクッと正解

コンカレントエンジニアリングは，できるだけ並行して作業を進めることで完成を早める手法である。

イモヅル式解説

コンカレントエンジニアリングとは，製品の企画，設計，生産などの各工程で，可能なものはできるだけ並行して進めることにより，完成までの期間を短縮しようとする手法（**エ**）のこと。コンカレント（concurrent）は「同時に」という意味である。

そのほかの選択肢の内容も確認しておこう。

- 既存の製品を分解し，構造を解明することによって，技術を獲得する手法（**ア**）は，リバースエンジニアリング〔➡Q102〕である。
- 仕事の流れや方法を根本的に見直すことによって，望ましい業務の姿に変革する手法（**イ**）は，BPR〈=Business Process Re-engineering〉〔➡Q071〕である。
- 条件を適切に設定することによって，なるべく少ない回数で効率的に実験を実施する手法（**ウ**）は，DoE〈=Design of experiments；実験計画法〉である。

イモヅル復習問題 ➡Q071

正解　エ

でる度★★☆

Q086 あるコールセンタでは，AIを活用した業務改革の検討を進めて，導入するシステムを絞り込んだ。しかし，想定している効果が得られるかなど不明点が多いので，試行して実現性の検証を行うことにした。このような検証を何というか。

ア IoT　イ PoC　ウ SoE　エ SoR

サクッと正解

開発や導入の前段階において試行や検証を行うことは，**PoC**である。

イモヅル式解説

PoC〈=Proof of Concept〉（イ）とは，新しい概念やアイディアなどを実証するため，開発や導入の前段階において検証を行うこと。**概念実証**とも呼ばれる。IoT〈=Internet of Things〉（ア）〔➡Q072〕は，センサを搭載した機器や制御装置などが直接インターネットにつながり，それらがネットワークを通じて様々な情報をやり取りする仕組みである。

SoE〈=System of Engagement〉（ウ）	CRM（顧客関係管理）〔➡Q058〕など，顧客との関係（エンゲージメント）を強化するためのシステム。SNSなどのように多くの人がシステムに関与することで成り立つ仕組みを指す場合もある。
SoR〈=System of Records〉（エ）	目的によってシステムを分類する概念の1つ。大量のデータを効率的かつ正確に記録し，出力するための記録のシステム。
SoI〈=System of Insight〉	BI〔➡Q062〕やERP（企業資源計画）〔➡Q058〕など，蓄積されたデータを分析・加工することで，洞察（インサイト）を得るためのシステム。
SOA〈=Service Oriented Architecture〉	業務システムを，ビジネスプロセス上の独立した機能という視点で部品化して構築することで，システム変更やシステム開発などの際に，それらの部品を容易に利用できるようにした仕組み。

正解　イ

でる度★★★

Q087

システムのライフサイクルを，企画プロセス，要件定義プロセス，開発プロセス，運用プロセス，保守プロセスとしたとき，経営層及び各部門からの要求事項に基づいたシステムを実現するためのシステム化計画を立案するプロセスとして，適切なものはどれか。

ア 開発プロセス　　**イ** 企画プロセス
ウ 保守プロセス　　**エ** 要件定義プロセス

サクッと正解

システムのライフサイクルは，**企画→要件定義→開発→運用→保守**の順である。

イモヅル式解説

システムのライフサイクルは，主に下記のような流れになる。

企画プロセス（**イ**）
経営目標の達成のために必要なシステムに対する基本方針を確認し，システム化計画を策定する。

↓

要件定義プロセス（**エ**）〔➡Q088〕
経営陣や事業部門からの要求事項に基づいたシステムの構築を実現するためのシステム化計画を立案する。

↓

開発プロセス（**ア**）
要件定義プロセスでまとめられた要求事項をもとに，顧客のニーズに合ったシステムの設計・開発を行う。

↓

運用プロセス
開発プロセスで開発されたシステムを運用する。

↓

保守プロセス（**ウ**）
運用しているシステムに対し，不具合の修正などプログラムの修正や機能の追加・改善の対応を行う。

正解　**エ**

でる度 ★★★

Q 088

システムのライフサイクルプロセスの一つに位置付けられる，要件定義プロセスで定義するシステム化の要件には，業務要件を実現するために必要なシステム機能を明らかにする機能要件と，それ以外の技術要件や運用要件などを明らかにする非機能要件がある。非機能要件だけを全て挙げたものはどれか。

a　業務機能間のデータの流れ

b　システム監視のサイクル

c　障害発生時の許容復旧時間

ア　a, c　　イ　b　　ウ　b, c　　エ　c

サクッと正解

業務に必要な機能を定義した**機能要件**と，使いやすさを定義した**非機能要件**がある。

イモヅル式解説

要件定義プロセスは，新たに構築するシステムの仕様，及びシステム化の範囲と機能を明確にし，それらをシステム取得者側の利害関係者間で合意するプロセスである。ここで定義されるシステム化の要件を，①**機能要件**と②**非機能要件**に分けて整理すると，下表のようになる。

機能要件	取り扱うデータの種類や処理内容など，業務要件を実現するために必要なシステムの機能に関する要求事項。
非機能要件	操作のしやすさや保守・管理のしやすさなど，技術要件や運用要件を満たすための要求事項。

設問を検討すると，業務機能間のデータの流れ（a）は機能要件。システム監視のサイクル（b）と障害発生時の許容復旧時間（c）は非機能要件に分類できる。

イモヅル復習問題 ➡ Q087

正解　ウ

でる度★★★

Q089

システム導入を検討している企業や官公庁などがRFIを実施する目的として，最も適切なものはどれか。

ア　ベンダ企業からシステムの詳細な見積金額を入手し，契約金額を確定する。
イ　ベンダ企業から情報収集を行い，システムの技術的な課題や実現性を把握する。
ウ　ベンダ企業との認識のずれをなくし，取引を適正化する。
エ　ベンダ企業に提案書の提出を求め，発注先を決定する。

サクッと正解

システム導入のために**RFI**を実施する目的は，ベンダ企業へ情報提供を依頼することである。

イモヅル式解説

システムの導入を検討している企業が，ITベンダに求める「RF ～」で示される文書を整理して理解しておこう。

RFI〈=Request for Information；情報提供依頼書〉	発注元の企業が，システム化の目的や業務内容などを示し，情報収集を行うために発注先の候補となるベンダ企業に情報提供を依頼する文書（**イ**）。
RFP〈=Request for Proposal；提案依頼書〉	RFIの検討などを行った結果，発注元の企業が，調達対象のシステム概要や調達に関わる納期などの条件を示し，発注先の候補となるベンダ企業に提案書の提出を依頼する文書（**エ**）。
RFQ〈=Request for Quotation；見積依頼書〉	ベンダ企業からシステムの詳細な見積金額を入手し，契約金額を確定するための文書（**ア**）。

ベンダ企業との認識のずれをなくし，取引を適正化するガイドライン（**ウ**）は，**共通フレーム**〔➡Q095〕と呼ばれる。

正解　イ

Q090

RFPに基づいて提出された提案書を評価するための表を作成した。最も評価点が高い会社はどれか。ここで，◎は4点，○は3点，△は2点，×は1点の評価点を表す。また，評価点は，金額，内容，実績の各値に重み付けしたものを合算して算出するものとする。

評価項目	重み	A社	B社	C社	D社
金額	3	△	◎	△	○
内容	4	◎	○	○	△
実績	1	×	×	◎	○

ア　A社　　**イ**　B社　　**ウ**　C社　　**エ**　D社

サクッと正解

評価点＝（項目の重み×項目の値1）＋（項目の重み×項目の値2）＋（項目の重み×項目の値3）

イモヅル式解説

設問の**RFP**〈=Request For Proposal；提案依頼書〉〔➡Q089〕を受けて提出された**提案書**を評価するには，評価項目にある評価点に，評価項目ごとの重みを掛けた値の合計を算出すればよい。

◎，○，△，×を，◎＝4，○＝3，△＝2，×＝1のように数値化して，重みを付けた表を下記に示す。

評価項目	重み	A社	B社	C社	D社
金額	3	2×3	4×3	2×3	3×3
内容	4	4×4	3×4	3×4	2×4
実績	1	1×1	1×1	4×1	3×1
合計	−	23	25	22	20

最も評価点が高いのは**B**社（**イ**）であることがわかる。

イモヅル復習問題 ➡Q089

正解　**イ**

COLUMN

出題範囲の理由

ITパスポート試験に限らず，情報処理技術者試験の出題範囲は，「**ストラテジ系**」「**マネジメント系**」「**テクノロジ系**」と幅広い領域にわたる。出題される割合こそ異なるが，ITパスポート以外のカテゴリでもこの３分野は出題範囲とされている。学生と話していると，「情報処理“技術者”試験であり“IT”パスポートというのだから，テクノロジ系のような問題ばかりと考えていた」という声も聞く。なかでも会社組織や会計に関する出題を見ると，「思っていた問題と違う」と感じるらしい。

社会人経験のない学生からすると意外に思う気持ちもわからなくはないが，今や情報技術の活用にまったく関係のない企業経営や組織運営を探すことのほうが難しい時代である。情報処理技術者試験は，企業が提供するアプリケーションの習熟度を測るための資格試験ではなく，**特定の製品やサービスなどによらない知識・技能を問う国家試験**である。

なかでもITパスポート試験は，対象者像が「職業人が共通に備えておくべき情報技術に関する基礎的な知識をもち，情報技術に携わる業務に就くか，担当業務に対して**情報技術を活用していこうとする者**」とされていることから，情報技術の開発者に限らず，情報技術の利用者を対象とした試験であることがわかる。“情報技術を活用していこうとする者”とは“**IT化された現代社会で働くすべての者**”と読み替えてもよいだろう。

ITパスポート試験は現代社会で働くすべての者がもつべきパスポートなのである。AI，ビッグデータ，IoTなど，新しいテーマが出題される一方で，企業活動や法務などの基礎的な知識も試される理由がここにある。

第2章

マネジメント系

第2章では，マネジメント系の分野を学習する。
マネジメント（management）の本来の意味は「経営」や「管理」。ITパスポート試験では，情報システムの開発や運用，プロジェクトマネジメントやITサービスマネジメント，あるいはシステム監査についての出題が目立つ。情報システムは，現場に導入するだけではなく，システムの保守や改善を継続しながら運用していかなければならない。そのための手法や取組みに関わる基礎的な知識をイモヅル式に身につけよう。

でる度★★★

Q 091 **システムの開発側と運用側がお互いに連携し合い，運用や本番移行を自動化する仕組みなどを積極的に取り入れ，新機能をリリースしてサービスの改善を行う取組を表す用語として，最も適切なものはどれか。**

ア DevOps　　**イ** RAD
ウ オブジェクト指向開発　　**エ** テスト駆動開発

サクッと正解

開発側と運用側が連携し，協力し合いながら開発や改善を行う手法は，**DevOps**である。

イモヅル式解説

DevOps（デブオプス）（ア）とは，**開発（Development）**と**運用（Operations）**を語源とする用語。システムの開発側と運用側が密接に連携し，運用や本番移行を自動化するツールなどを取り入れ，新しい機能の導入や更新などを迅速に進めようとするソフトウェアの開発手法である。

RAD〈=Rapid Application Development〉（イ）	開発する機能を分割し，分割した機能ごとに開発ツールなどを利用して，短期間で効率よく開発する手法。
オブジェクト指向開発（ウ）	ソフトウェアに共通する機能を部品と捉え，部品を組み合わせるように開発する手法。
テスト駆動開発〈=Test Driven Development；TDD〉（エ）	最初にテストコードを記述し，そのテストに適合するプログラムを実装していく開発手法。
フィーチャ駆動型開発〈=Feature Driven Development；FDD〉	モデルの全体像を作成したうえで，フィーチャと呼ばれる機能に優先度を付けたリストを作成し，フィーチャを単位として設計と構築を繰り返す開発手法。
適応的ソフトウェア開発〈=Adaptive Software Development；ASD〉	ソフトウェア開発を複雑で変化するものと捉え，適応的な開発を行おうとする手法。

正解 ア

でる度★★★

Q092 **会計システムの開発を受託した会社が，顧客と打合せを行って，必要な決算書の種類や，会計データの確定から決算書類の出力までの処理時間の目標値を明確にした。この作業を実施するのに適切な工程はどれか。**

ア システムテスト
イ システム要件定義
ウ ソフトウェア詳細設計
エ ソフトウェア方式設計

サクッと正解

開発するシステムに求められる機能や性能を決める工程は，**システム要件定義**である。

イモヅル式解説

システム開発の工程をまとめて覚えよう。

システム要件定義（イ）	システムで実現する機能や性能を明確にする。
システム方式設計	システムのハードウェアやソフトウェアの構成を明確にする。
ソフトウェア要件定義	構成するソフトウェアごとの機能や性能などを明確にする。
ソフトウェア方式設計（エ）	必要とされるソフトウェアコンポーネントを明確にする。
ソフトウェア詳細設計（ウ）	各コンポーネントに対し，コーディング，コンパイル，テスト実施のレベルまで詳細化した設計を行う。

なお，システムテスト（ア）〔➡Q107〕は，開発したシステムが要件を満たしているかどうかを確認するために行われるテストである。

イモヅル復習問題 ➡Q087，Q088

正解 イ

開発技術

でる度 ★★★

Q 093

システム開発の見積方法として，類推法，積算法，ファンクションポイント法などがある。ファンクションポイント法の説明として，適切なものはどれか。

ア　WBSによって洗い出した作業項目ごとに見積もった工数を基に，システム全体の工数を見積もる方法

イ　システムで処理される入力画面や出力帳票，使用ファイル数などを基に，機能の数を測ることでシステムの規模を見積もる方法

ウ　システムのプログラムステップを見積もった後，1人月の標準開発ステップから全体の開発工数を見積もる方法

エ　従来開発した類似システムをベースに相違点を洗い出して，システム開発工数を見積もる方法

サクッと正解

ファンクションポイント法は，システムの機能（ファンクション）の数を測って規模を見積もる方法である。

イモヅル式解説

システム開発の見積方法のひとつである**ファンクションポイント法**は，システムで処理される入力画面や出力帳票，使用ファイル数などを基に，機能の数を測ることでシステムの規模を見積もる方法（**イ**）である。そのほかの選択肢の内容も確認しておこう。

- 作業を分解した構成図である**WBS**〈＝Work Breakdown Structure〉〔➡Q115〕によって洗い出した作業項目ごとに見積もった工数を基に，システム全体の工数を見積もる方法（**ア**）は，**積算法**である。
- システムのプログラムステップを見積もったあと，1人月の標準開発ステップから全体の開発工数を見積もる方法（**ウ**）は，**LOC法**〈＝Lines Of Code method；プログラムステップ法〉である。
- 過去に開発した類似システムをベースに相違点を洗い出して，システム開発工数を見積もる方法（**エ**）は，**類推見積法**である。

正解　**イ**

でる度★★☆

Q 094

システム開発プロジェクトの開始時に，開発途中で利用者から仕様変更要求が多く出てプロジェクトの進捗に影響が出ることが予想された。品質悪化や納期遅れにならないようにする対応策として，最も適切なものはどれか。

ア　設計完了後は変更要求を受け付けないことを顧客に宣言する。

イ　途中で遅れが発生した場合にはテストを省略してテスト期間を短縮する。

ウ　変更要求が多く発生した場合には機能の実装を取りやめることを計画に盛り込む。

エ　変更要求の優先順位の決め方と対応範囲を顧客と合意しておく。

サクッと正解

変更要求を採用するときの「決め方」を，あらかじめ**顧客と合意**しておく必要がある。

イモヅル式解説

開発途中で利用者から仕様変更を求められたときの対応に関する問題である。プロジェクトの進捗に影響が出るほどの変更があると，**納期の遅れ**や，**開発費用の増大**などの事態が予想されるので，できれば避けたいところである。

納期や費用を優先すると，テストなどの必要な工程の省略（**イ**）や，あるべき機能を実装しない（**ウ**）といった完成品の品質を下げることにつながる。とはいえ，**変更要求**を受け付けないことを顧客に宣言（**ア**）すれば，結局は顧客の満足しないシステムが完成することになりかねない。

変更要求は起こり得るものとして，あらかじめ変更要求の優先順位の決め方と対応範囲を，顧客と合意しておく（**エ**）のが適切である。

正解 **エ**

でる度★★★

Q095

共通フレームの定義に含まれているものとして，適切なものはどれか。

ア　各工程で作成する成果物の文書化に関する詳細な規定
イ　システムの開発や保守の各工程の作業項目
ウ　システムを構成するソフトウェアの信頼性レベルや保守性レベルなどの尺度の規定
エ　システムを構成するハードウェアの開発に関する詳細な作業項目

サクッと正解

共通フレームとは，開発や保守などの各工程における用語や作業項目などを標準化するガイドラインのこと。

イモヅル式解説

共通フレームとは，企画，**要件定義**〔➡Q105〕，**開発**，運用，**保守**などの**ソフトウェアライフサイクル**〔➡Q106〕で必要な開発や保守などの作業項目（**イ**）や役割などを包括的に定めたガイドラインのこと。システム開発を委託する場合など，発注する側と受注して開発する側の間で誤解がないように，用語や各工程の内容などを定義したものである。

共通フレームでは，各工程で作成する成果物の文書化に関する詳細な規定（**ア**）はしていない。構成するソフトウェアの信頼性レベルや保守性レベルといった基準（**ウ**）は，すべての開発で標準的なものがあるわけではなく，個々のケースにおいて，発注側と受注側で規定するものである。

共通フレームは，もともとソフトウェアを中心としたシステム開発及び取引のためのガイドラインなので，システムを構成するハードウェアの「開発」に関する詳細な作業項目（**エ**）は含まれていない。

イモヅル復習問題 ➡ **Q087，Q088**

正解　**イ**

でる度★★★

Q 096

システム開発組織におけるプロセスの成熟度を5段階のレベルで定義したモデルはどれか。

ア　CMMI　　イ　ISMS
ウ　ISO 14001　　エ　JIS Q 15001

サクッと正解

開発組織におけるプロセスの成熟度を評価するためのモデルは，**CMMI**である。

イモヅル式解説

CMMI〈=Capability Maturity Model Integration〉（ア）は，ソフトウェア開発組織及びプロジェクトのプロセスの成熟度を5段階のレベルで評価するためのモデルである。「統合能力成熟度モデル」とも呼ばれる。そのほかの選択肢もまとめて覚えよう。

ISMS〈=Information Security Management System〉（イ）〔➡Q214〕	情報セキュリティ管理システムの構築や運用などに関する国際規格。
ISO 14001（ウ）	環境マネジメントシステムの構築・運用に関する国際規格。
JIS Q 15001（エ）	個人情報保護マネジメントシステムの要求事項に関する日本工業規格。

ちょっと深掘り　CMMIの5段階

レベル1：初期	場当たり的。無秩序な組織として最も低い。
レベル2：管理された	管理のための基本的なプロセスが備わっている。
レベル3：定義された	標準化された一貫性のあるプロセスが定義されている。
レベル4：定量的に管理された	定量的な品質目標が存在し，プロセスはデータに基づき予測可能である。
レベル5：最適化している	継続的な改善プロセスが常に機能している。

正解　ア

でる度★★☆

Q097

システムの開発プロセスで用いられる技法であるユースケースの特徴を説明したものとして，最も適切なものはどれか。

ア　システムで，使われるデータを定義することから開始し，それに基づいてシステムの機能を設計する。

イ　データとそのデータに対する操作を一つのまとまりとして管理し，そのまとまりを組み合わせてソフトウェアを開発する。

ウ　モデリング言語の一つで，オブジェクトの構造や振る舞いを記述する複数種類の表記法を使い分けて記述する。

エ　ユーザがシステムを使うときのシナリオに基づいて，ユーザとシステムのやり取りを記述する。

サクッと正解

システム開発で用いられる**ユースケース**とは，ユーザとシステムのやり取りを記述した図法のこと。

イモヅル式解説

ユースケースは，ユーザがシステムを使うときの振る舞いや利用方法といったシナリオに基づき，ユーザとシステムのやり取りを外部から記述した図法（**エ**）である。

そのほかの選択肢の内容も確認しておこう。

- 使われるデータを定義することから開始し，それに基づいてシステムの機能を設計する（**ア**）のは，**データ中心アプローチ**の特徴である。
- データとそのデータに対する操作を1つのまとまりとして管理し，そのまとまりを組み合わせてソフトウェアを開発する（**イ**）のは，**オブジェクト指向開発**〔➡Q091〕の特徴である。
- モデリング言語のひとつで，オブジェクトの構造や振る舞いを記述する複数種類の表記法を使い分けて記述する（**ウ**）のは，UML〈= Unified Modeling Language〉〔➡Q066〕の特徴である。

イモヅル復習問題 ➡ Q066　　正解　エ

でる度★★★

Q 098

既存のプログラムを，外側から見たソフトウェアの動きを変えずに内部構造を改善する活動として，最も適切なものはどれか。

ア テスト駆動開発　**イ** ペアプログラミング
ウ リバースエンジニアリング　**エ** リファクタリング

サクッと正解

外側から見たソフトウェアの動きを変えずに内部構造を改善する活動は，**リファクタリング**である。

イモヅル式解説

リファクタリング（エ）とは，**XP（エクストリームプログラミング）**〔➡Q101〕で実施されるプラクティスのひとつ。ソフトウェアの保守性や効率性を高めるために，既存プログラムの外部仕様を変更することなく，プログラムの内部構造を改善する手法である。

テスト駆動開発（TDD）（ア）〔➡Q091〕	最初にテストコードを記述し，そのテストに適合するプログラムをコーディングしていく手法。
ペアプログラミング（イ）	ソフトウェアの品質を高めるため，2人のプログラマが協力し，1つのプログラムをコーディングする手法。
リバースエンジニアリング（ウ）〔➡Q102〕	既存のプログラムを解析し，プログラムの仕様や設計などの情報を取り出す手法。
リエンジニアリング	既存のソフトウェアなどを分析して理解したうえで，ソフトウェアなどの全体を新しく構築し直す手法。
コンカレントエンジニアリング〔➡Q085〕	設計や生産などの各工程をできるだけ並行して進め，手戻りや待ちをなくし，開発期間を短縮する手法。
インダストリアルエンジニアリング	生産や管理などの効率的な手法を分析し，システム化された手順を構築して価値の向上を図る手法。

正解 エ

でる度★★★

Q 099 **アジャイル開発の特徴として，適切なものはどれか。**

ア　各工程間の情報はドキュメントによって引き継がれるので，開発全体の進捗が把握しやすい。
イ　各工程でプロトタイピングを実施するので，潜在している問題や要求を見つけ出すことができる。
ウ　段階的に開発を進めるので，最後の工程で不具合が発生すると，遡って修正が発生し，手戻り作業が多くなる。
エ　ドキュメントの作成よりもソフトウェアの作成を優先し，変化する顧客の要望を素早く取り入れることができる。

サクッと正解

アジャイル開発は，変化する顧客の要望を素早く取り入れることができる開発手法の総称である。

イモヅル式解説

アジャイル開発とは，迅速かつ適応的にソフトウェア開発を行う手法の総称のこと。仕様書などの文書作成よりもソフトウェアの作成を優先し，変化する顧客の要望を素早く取り入れることができる（**エ**）などの特徴がある。

そのほかの開発手法もまとめて覚えよう。

プロトタイピング	システム開発の初期段階で，ユーザと開発者との仕様の認識の違いなどを確認するために，プロトタイプ（試作品）を作成し，ユーザや開発者がこれを評価しながら開発を進める手法。
ウォータフォール開発	開発プロジェクトを要件定義〔➡**Q105**〕，外部設計，内部設計，開発（プログラミング），テスト，運用などの工程に分けて考え，順に開発を進める手法。

イモヅル復習問題 ➡**Q098**

正解　**エ**

でる度 ★★☆

Q100

アジャイル開発の方法論であるスクラムに関する記述として，適切なものはどれか。

ア　ソフトウェア開発組織及びプロジェクトのプロセスを改善するために，その組織の成熟度レベルを段階的に定義したものである。

イ　ソフトウェア開発とその取引において，取得者と供給者が，作業内容の共通の物差しとするために定義したものである。

ウ　複雑で変化の激しい問題に対応するためのシステム開発のフレームワークであり，反復的かつ漸進的な手法として定義したものである。

エ　プロジェクトマネジメントの知識を体系化したものであり，複数の知識エリアから定義されているものである。

サクッと正解

アジャイル開発における**スクラム**とは，複雑で変化の激しい問題に迅速に対応するためのフレームワークのこと。

イモヅル式解説

アジャイル開発〔➡Q099〕とは，仕様変更に柔軟に対応できる開発手法のこと。**スクラム**は，開発プロジェクト全体を**スプリント**と呼ばれるいくつかの単位に分割し，スプリントごとに分析，設計，**実装**，テストを行って機能を完成させていくプロセスを繰り返すことで，全体を完成させていく反復的かつ**漸進的**な手法（**ウ**）である。

- ソフトウェア開発組織及びプロジェクトのプロセスを改善するために，その組織の成熟度レベルを段階的に定義したもの（**ア**）は，**CMMI**〈=**Capability Maturity Model Integration**〉〔➡Q096〕である。
- ソフトウェア開発とその取引において，取得者と供給者が，作業内容の共通の物差しとするために定義したもの（**イ**）は，**共通フレーム**〔➡Q095〕である。
- プロジェクトマネジメントの知識を体系化し，複数の知識エリアから定義されているもの（**エ**）は，**PMBOK**〔➡Q110〕である。

イモヅル復習問題 ➡ Q096，Q099

正解 **ウ**

でる度★★★

Q101 XP（エクストリームプログラミング）の説明として，最も適切なものはどれか。

ア　テストプログラムを先に作成し，そのテストに合格するようにコードを記述する開発手法のことである。

イ　一つのプログラムを２人のプログラマが，１台のコンピュータに向かって共同で開発する方法のことである。

ウ　プログラムの振る舞いを変えずに，プログラムの内部構造を改善することである。

エ　要求の変化に対応した高品質のソフトウェアを短いサイクルでリリースする，アジャイル開発のアプローチの一つである。

サクッと正解

XPとは，変化に対応したソフトウェアを迅速に開発するための手法。

イモヅル式解説

XP〈=eXtreme Programming〉は，**アジャイル開発**〔➡Q099〕と呼ばれる開発方法のひとつである。短いサイクルでテストとリリースを繰り返すことで，顧客の要求の変化に対応しやすく，高品質のソフトウェアを開発できる（**エ**）。アジャイル開発において，短期間での工程の反復や，その開発のサイクルを**イテレーション**という。

テストプログラムを先に作成し，そのテストに合致するようにプログラムをコーディングする開発手法（**ア**）は，**テスト駆動開発（TDD）**〔➡Q091〕である。品質の向上や知識の共有を図るために，２人のプログラマがペアとなり，相談やレビューをしながら，１つのプログラムを開発する手法（**イ**）は，**ペアプログラミング**〔➡Q098〕である。

また，ソフトウェアの保守性を高めるなどの目的で，プログラムの振る舞いなどの外部構造を変えずに，プログラムの内部構造を改善する手法（**ウ**）は，**リファクタリング**〔➡Q098〕である。なお，複雑で変化の激しい問題に対応するためのシステム開発のフレームワークで，反復的かつ漸進的な手法として定義したものを，**スクラム**〔➡Q100〕と呼ぶ。

イモヅル復習問題 ➡Q098，Q099　　正解 **エ**

でる度 ★★★

Q102

自社開発して長年使用しているソフトウェアがあるが，ドキュメントが不十分で保守性が良くない。保守のためのドキュメントを作成するために，既存のソフトウェアのプログラムを解析した。この手法を何というか。

ア ウォータフォールモデル
イ スパイラルモデル
ウ プロトタイピング
エ リバースエンジニアリング

サクッと正解

既存の製品を分解し，構造を解析することで，技術を獲得する手法は，**リバースエンジニアリング**である。

イモヅル式解説

リバースエンジニアリング（エ）は，ソースプログラムを解析してプログラム仕様書を作成するように，既存のプログラムからそのプログラムの仕様を導き出す手法である。

そのほかの選択肢の開発手法もまとめて覚えよう。

ウォータフォールモデル（ア）〔➡Q099〕	開発プロジェクトを要件定義〔➡Q105〕，外部設計，内部設計，開発（プログラミング），テスト，運用などの工程に分けて考え，順に開発を進める手法。
スパイラルモデル（イ）	一連の開発工程を何回も繰り返しながら開発機能の規模を拡大し，開発コストの増加などのリスクを最小限に抑えつつシステム開発を行う手法。
プロトタイピング（ウ）〔➡Q099〕	開発の初期段階でプロトタイプ（試作品）を作成し，ユーザや開発者がこれを評価しながら開発を進める手法。

ちょっと深掘り フォワードエンジニアリング

リバースエンジニアリングに対し，既存のプログラムから導き出された仕様を修正してプログラムを開発する手法のこと。

イモヅル復習問題 ➡ Q099，Q100，Q101

正解 エ

でる度★★☆

Q103

安価な労働力を大量に得られることを狙いに，システム開発を海外の事業者や海外の子会社に委託する開発形態として，最も適切なものはどれか。

ア ウォータフォール開発
イ オフショア開発
ウ プロトタイプ開発
エ ラピッドアプリケーション開発

サクッと正解

海外の事業者や子会社に委託する形態は，**オフショア開発**である。

イモヅル式解説

オフショア開発（**イ**）は，安価な労働力が大量に得られることを狙いとして，システム開発を海外の事業者や海外の子会社などに委託する開発形態である。そのほかの選択肢もまとめて覚えよう。

ウォータフォール開発 （**ア**）〔➡**Q099**〕	開発プロジェクトを要件定義〔➡**Q105**〕，外部設計，内部設計，開発（プログラミング），テスト，運用などの工程に分けて考え，順に進める開発形態。
プロトタイプ開発 （**ウ**）〔➡**Q099**〕	開発の初期段階でプロトタイプ（試作品）を作成し，ユーザや開発者がこれを評価しながら進める開発形態。
ラピッドアプリケーション開発 （**エ**）〔➡**Q091**〕	RAD〈=Rapid Application Development〉とも呼ばれ，利用者の参画，少人数による開発，開発ツールの活用により短期間での開発を目指す開発形態。

ちょっと深掘り スパイラルモデルと成長型プロセスモデル

スパイラルモデル〔➡**Q102**〕は，一連の開発工程を何回も繰り返しながら開発機能の規模を拡大し，開発コストの増加などのリスクを最小限に抑えつつシステム開発を行うプロセスモデルである。また，成長型プロセスモデルは，ウォータフォール開発のプロセスを繰り返し，機能を段階的に提供していくもので，「インクリメンタルモデル」とも呼ばれる。

イモヅル復習問題 ➡ **Q099，Q102**

正解 **イ**

でる度 ★★☆

Q104

プログラムのテスト手法に関して，次の記述中のa，bに入れる字句の適切な組合せはどれか。

プログラムの内部構造に着目してテストケースを作成する技法を［ a ］と呼び，［ b ］において活用される。

	a	b
ア	ブラックボックステスト	システムテスト
イ	ブラックボックステスト	単体テスト
ウ	ホワイトボックステスト	システムテスト
エ	ホワイトボックステスト	単体テスト

サクッと正解

プログラムの内部構造に着目してテストケースを作成する技法を**ホワイトボックステスト**と呼び，**単体テスト**で活用される。

イモヅル式解説

内部構造を明らかにして網羅的に行う**ホワイトボックステスト**と，入力と出力（結果）だけに着目する**ブラックボックステスト**の違いを理解しておこう。

ホワイトボックステスト	入力データが意図されたとおりに処理されるかどうかを，プログラムの内部構造を分析して確認する手法。主に単体テスト〔➡Q107〕において活用される。
ブラックボックステスト	モジュールの内部構造を考慮することなく，仕様書どおりに機能するかどうかをテストする手法。主にシステムテスト〔➡Q107〕において活用される。

正解 エ

でる度 ★★★

Q105

システム開発後にプログラムの修正や変更を行うことを何というか。

ア システム化の企画　**イ** システム運用
ウ ソフトウェア保守　**エ** 要件定義

サクッと正解

システム開発後にプログラムの修正や変更を行う工程は，**ソフトウェア保守**である。

イモヅル式解説

ソフトウェア保守（ウ）〔➡Q106〕は，ソフトウェアを改良・最適化したり，不具合（バグ）を修正したりする開発後の工程である。

システム化の企画（ア）	基本要件・業務要件・機能要件の定義や，業務モデルの作成，経営戦略との整合性を確認する作業群。
システム運用（イ）	導入されたシステムを実際の業務で使用すること。
要件定義（エ）	システムで実現する機能や性能を明確にする工程。

ちょっと深掘り　システム開発の一般的な流れ

要件定義	開発するシステムの機能や性能を決める。
外部設計	ユーザインタフェースの設計。
内部設計	プログラミングのための設計。
プログラミング	内部設計に基づいたプログラムの作成。
単体テスト	部品（モジュール）ごとの動作確認。
結合テスト	複数のモジュールを組み合わせた動作確認。
システムテスト（総合テスト）	すべての機能や性能などの確認。
運用テスト	実際の運用環境での確認。
システム移行（リリース）	旧システムとの置換え。
運用・保守	実際の業務で使用しながら状況の確認・修正・改訂を行う。

イモヅル復習問題 ➡ Q087，Q088

正解　ウ

でる度 ★★☆

Q 106 **ソフトウェア保守で実施する活動として，適切なものはどれか。**

ア　システムの利用者に対して初期パスワードを発行する。
イ　新規システムの開発を行うとき，保守のしやすさを含めたシステム要件をシステムでどのように実現するか検討する。
ウ　ベンダに開発を委託した新規システムの受入れテストを行う。
エ　本番稼働中のシステムに対して，法律改正に適合させるためにプログラムを修正する。

サクッと正解

ソフトウェア保守とは，本番稼働中のシステムに対して行う修正作業のこと。

イモヅル式解説

ソフトウェアライフサイクルの主な工程は，企画，要件定義〔➡Q105〕，**開発**，運用，**保守**に分類できる。

ソフトウェア保守とは，稼働中のソフトウェアに対し，発見された障害の是正や，新しい要件に対応するための機能拡張などを行う活動のこと（**エ**）。

そのほかの選択肢に該当する活動も確認しておこう。

- システムの利用者に対して初期パスワードを発行する（**ア**）のは，**運用**に際してソフトウェア導入で実施する活動である。
- 新規システムの開発を行うとき，保守のしやすさを含めたシステム要件をシステムでどのように実現するか検討する（**イ**）のは，**要件定義**で実施する活動である。
- システムの提供業者であるベンダに開発を委託した新規システムの**受入れテスト**〔➡Q107〕を行う（**ウ**）のは，開発プロセスにおけるソフトウェア受入れテストで実施する活動である。

イモヅル復習問題 ➡Q087，Q088，Q105

正解 **エ**

でる度★★★

Q107

発注したソフトウェアが要求事項を満たしていることをユーザが自ら確認するテストとして，適切なものはどれか。

ア 受入れテスト
イ 結合テスト
ウ システムテスト
エ 単体テスト

サクッと正解

ユーザによる最終確認のテストは，**受入れテスト**である。

イモヅル式解説

受入れテスト（ア）は，開発者側からソフトウェアなどの成果物が納品されたときに，利用者側が成果物の機能や性能を確認するためのテストである。

試験に出るそのほかの「～テスト」の内容と順番も確認しておこう。

単体テスト（エ）
プログラムが部品（モジュール）ごとに正常に動作するかどうかを確認するテスト。

結合テスト（イ）
単体テストが完了した複数のモジュールを組み合わせて動作確認を行うテスト。

システムテスト（総合テスト）（ウ）
ソフトウェアなどの成果物が，**要件定義**〔➡Q105〕で決められた機能や性能を満たしているかどうかを確認するテスト。

受入れテスト
要求事項を満たしていることをユーザが自ら確認するテスト。

イモヅル復習問題 ➡ Q104，Q105

正解 ア

でる度 ★★★

Q 108

ソフトウェアの品質を判定する指標として，機能単位の不良件数をその開発規模で割った値を“不良密度”と定義する。不良密度の下限値と上限値を設定し，実績値がその範囲を逸脱した場合に問題ありと判定するとき，A工程では問題がなく，B工程で問題があると判定される機能はどれか。ここで，不良密度の下限値は0.25件／KS，上限値は0.65件／KSとする。また，不良密度の下限値，上限値及び開発規模は，両工程とも同じとする。

	機能	開発規模（KS）	A工程の不良件数（件）	B工程の不良件数（件）
ア	機能1	10	6	3
イ	機能2	20	14	10
ウ	機能3	50	10	40
エ	機能4	80	32	8

サクッと正解

下限値は**開発規模（KS）×0.25件**，
上限値は**開発規模（KS）×0.65件**で計算する。

イモヅル式解説

各選択肢の数値を当てはめ，計算結果から不良件数が2.5以上6.5以下の範囲かを判定すると下表のとおり。

機能1（**ア**）	下限値：10×0.25=2.5件 上限値：10×0.65=6.5件	A，Bともに問題がない。
機能2（**イ**）	下限値：20×0.25=5件 上限値：20×0.65=13件	Aは上限値を上回り，Bは問題がない。
機能3（**ウ**）	下限値：50×0.25=12.5件 上限値：50×0.65=32.5件	Aは下限値を下回り，Bは上限値を上回っている。
機能4（**エ**）	下限値：80×0.25=20件 上限値：80×0.65=52件	Aは問題がないが，Bは下限値を下回っている。

正解 **エ**

でる度★★★

Q109

A社がB社にシステム開発を発注し，システム開発プロジェクトを開始した。プロジェクトの関係者①～④のうち，プロジェクトのステークホルダとなるものだけを全て挙げたものはどれか。

①A社の経営者
②A社の利用部門
③B社のプロジェクトマネージャ
④B社を技術支援する協力会社

ア ①，②，④　**イ** ①，②，③，④
ウ ②，③，④　**エ** ②，④

サクッと正解

ステークホルダは，利害関係者すべてを含む概念である。

イモヅル式解説

プロジェクトの**ステークホルダ**は，開発したシステムの利用者や開発部門の担当者など，プロジェクトに関わる個人や組織，地域などのことである。**利害関係者**とも呼ばれ，プロジェクトの成果が自らの利益になる可能性のある者だけではなく，不利益になる可能性のある者もステークホルダに含まれることに留意しよう。

設問について，発注側の①経営者と②利用部門，受注側の③**プロジェクトマネージャ**と④協力会社は，すべてステークホルダに含まれる。

プロジェクトマネージャは，プロジェクトマネジメントにおいて総合的な責任をもつ職能あるいは職務の，プロジェクトの代表者であり責任者である。

ちょっと深掘り　プロジェクト憲章

プロジェクトを正式に認可するための文書で，プロジェクトの立上げ時に作成される。プロジェクトの主要な目標や概要を示し，主要なステークホルダ（利害関係者）を特定して，プロジェクトマネージャの権限を定義する。

正解　イ

でる度★☆☆

Q110 PMBOKについて説明したものはどれか。

ア システム開発を行う組織がプロセス改善を行うためのガイドラインとなるものである。
イ 組織全体のプロジェクトマネジメントの能力と品質を向上し，個々のプロジェクトを支援することを目的に設置される専門部署である。
ウ ソフトウェアエンジニアリングに関する理論や方法論，ノウハウ，そのほかの各種知識を体系化したものである。
エ プロジェクトマネジメントの知識を体系化したものである。

サクッと正解

PMBOKとは，プロジェクトマネジメントの知識を体系化した国際標準のこと。

イモヅル式解説

PMBOK〈=Project Management Body of Knowledge〉は，プロジェクトマネジメントの知識を体系化したもの（**エ**）であり，国際標準とされている。「PMBOKガイド」は，プロジェクトマネジメント協会が発行するプロジェクトマネジメントの専門用語とガイドラインを提供する書籍のことである。

そのほかの選択肢の内容も確認しておこう。

- システム開発を行う組織がプロセス改善を行うためのガイドラインとなるもの（**ア**）は，**CMMI**〈=Capability Maturity Model Integration〉〔➡Q096〕である。
- 組織全体のプロジェクトマネジメントの能力と品質を向上し，個々のプロジェクトを支援することを目的に設置される専門部署（**イ**）は，**プロジェクトマネジメントオフィス（PMO）**と呼ばれる。
- ソフトウェアエンジニアリングに関する理論や方法論，ノウハウ，そのほかの各種知識を体系化したもの（**ウ**）は，SWEBOK〈=Software Engineering Body of Knowledge〉である。

イモヅル復習問題 ➡Q096

正解 **エ**

でる度★★★

Q111

システム開発プロジェクトの品質マネジメントにおいて，品質上の問題と原因との関連付けを行って根本原因を追究する方法の説明として，適切なものはどれか。

ア　管理限界を設定し，上限と下限を逸脱する事象から根本原因を推定する。

イ　原因の候補リストから原因に該当しないものを削除し，残った項目から根本原因を絞り込む。

ウ　候補となる原因を魚の骨の形で整理し，根本原因を検討する。

エ　複数の原因を分類し，件数が多かった原因の順に対処すべき根本原因の優先度を決めていく。

サクッと正解

問題と原因の関連付けを行って根本原因を追究するには，候補となる原因を魚の骨の形で整理する**特性要因図**を用いるのが有効である。

イモヅル式解説

特性要因図は，原因と結果の関連を魚の骨のような形に整理し（**ウ**），体系的にまとめ，結果に対してどのような原因が関連しているかを明確にする図である。**フィッシュボーン（魚の骨）チャート**や**フィッシュボーンダイアグラム**とも呼ばれる。

アの管理図では，異常値は検出できるが，原因との関連付けや根本原因の追究には向かない。**イ**の方法では，原因の推定はできるが，根本原因の追究はできない。**エ**の方法では，頻出する問題は明確にできるが，原因との関連付けを行って根本原因を追究することはできない。

管理図	時系列データのばらつきを折れ線グラフで表し，管理限界線で上限と下限を逸脱する事象から異常値を管理する図（**ア**）。
パレート図 〔➡Q002〕	データを複数の項目に分類し，横軸に値の大きい順に棒グラフで並べ，累積値を折れ線グラフにして，問題点を整理する図。
ヒストグラム	品質管理において，測定値の存在する範囲を複数の区間に分け，各区間に入るデータの現れた回数を棒グラフで表した図。

イモヅル復習問題 ➡ Q002

正解　ウ

プロジェクトマネジメント

でる度 ★★★

Q112

システム開発プロジェクトにおいて，次のような決定を行うプロジェクトマネジメントの活動として，最も適切なものはどれか。

スケジュールを短縮するために，投入可能な要員数，要員投入に必要な費用，短縮できる回数などを組み合わせた案を比較検討し，スケジュールの短縮が達成できる案の中から，投入する要員数と全体の費用が最小になる案を選択した。

ア プロジェクトコストマネジメント
イ プロジェクト人的資源マネジメント
ウ プロジェクトタイムマネジメント
エ プロジェクト統合マネジメント

サクッと正解

各プロセス間の調整を行うのは，**プロジェクト統合マネジメント**。

イモヅル式解説

プロジェクト統合マネジメント（**エ**）とは，プロジェクトの立上げ，計画，実行，終結などのライフサイクルの中で，それぞれのプロセスの調整などを行う活動のこと。プロジェクトマネジメントの活動は，下表の10のプロセスに分類されている。

プロジェクト**統合**マネジメント	各プロセス間の調整
プロジェクト**スコープ**マネジメント〔➡**Q114**〕	プロジェクトで扱う範囲
プロジェクト**タイム**マネジメント（**ウ**）	スケジュールの管理
プロジェクト**コスト**マネジメント（**ア**）	予算管理・財源確保
プロジェクト**品質**マネジメント	品質のコントロール
プロジェクト**人的資源**マネジメント（**イ**）	リソースの管理
プロジェクト**コミュニケーション**マネジメント	情報の管理
プロジェクト**リスク**マネジメント〔➡**Q116**〕	不確実性の管理
プロジェクト**調達**マネジメント〔➡**Q113**〕	外部からの取得
プロジェクト**ステークホルダ**マネジメント	利害関係の調整

正解 **エ**

でる度★★☆

Q 113 **プロジェクトマネジメントの知識エリアには，プロジェクトコストマネジメント，プロジェクト人的資源マネジメント，プロジェクトタイムマネジメント，プロジェクト調達マネジメントなどがある。あるシステム開発プロジェクトにおいて，テスト用の機器を購入するときのプロジェクト調達マネジメントの活動として，適切なものはどれか。**

ア　購入する機器を用いたテストを機器の納入後に開始するように，スケジュールを作成する。

イ　購入する機器を用いてテストを行う担当者に対して，機器操作のトレーニングを行う。

ウ　テスト用の機器の購入費用をプロジェクトの予算に計上し，総費用の予実績を管理する。

エ　テスト用の機器の仕様を複数の購入先候補に提示し，回答内容を評価して適切な購入先を決定する。

サクッと正解

プロジェクト調達マネジメントの活動では，外部と契約し，製品やサービスの納品などをコントロールする。

イモヅル式解説

プロジェクト調達マネジメントは，製品やサービスなどを外部から取得する活動である。テスト用の機器の仕様を，一か所ではなく複数の購入先候補に提示し，回答内容を評価して適切な購入先を決定する（**エ**）のは，プロジェクト調達マネジメントとして適切な活動である。

- 納入後にテストを開始するように，スケジュールを作成する（**ア**）のは，**プロジェクトタイムマネジメント**〔➡Q112〕の活動である。
- テスト担当者に対して，機器操作のトレーニングを行う（**イ**）のは，**プロジェクト人的資源マネジメント**〔➡Q112〕の活動である。
- 機器の購入費用を予算に計上し，総費用の予実績を管理する（**ウ**）のは，**プロジェクトコストマネジメント**〔➡Q112〕の活動である。

イモヅル復習問題 ➡ **Q112**

正解　**エ**

プロジェクトマネジメント

でる度★★★

Q114 **プロジェクトマネジメントにおいて，プロジェクトスコープを定義したプロジェクトスコープ記述書に関する説明として，適切なものはどれか。**

ア 成果物と作業の一覧及びプロジェクトからの除外事項を記述している。

イ 成果物を作るための各作業の開始予定日と終了予定日を記述している。

ウ プロジェクトが完了するまでのコスト見積りを記述している。

エ プロジェクトにおける役割，責任，必要なスキルを特定して記述している。

サクッと正解

プロジェクトスコープ記述書とは，プロジェクトで扱う範囲（スコープ）を明確にする文書のこと。

イモヅル式解説

プロジェクトスコープマネジメントは，プロジェクトで生み出す製品やサービスなどの成果物と，それらを完成させるために必要な作業を定義して管理する活動である。

プロジェクトスコープ記述書とは，プロジェクトの実施範囲，主な成果物，前提条件，制約条件などをまとめたドキュメントのことで，成果物と作業の一覧及びプロジェクトからの除外事項を記述している（**ア**）。

そのほかの選択肢の文書も確認しておこう。

- 成果物を作るための各作業の開始予定日と終了予定日を記述している（**イ**）のは，スケジュールマネジメント計画書である。
- プロジェクトが完了するまでのコスト見積りを記述している（**ウ**）のは，**コストマネジメント計画書**である。
- プロジェクトにおける役割，責任，必要なスキルを特定して記述している（**エ**）のは，人的資源（ヒューマンリソース）マネジメント〔⇒Q112〕計画書である。

イモヅル復習問題 ⇒Q112

正解 **ア**

でる度★★★

Q115

プロジェクトの計画段階で行う作業で，プロジェクトで実施しなければならない全ての作業を洗い出し階層構造に整理し，同時にプロジェクトの管理単位を明確化する手法はどれか。

ア CRM　**イ** ERP　**ウ** PPM　**エ** WBS

サクッと正解

全作業を洗い出して階層構造に整理した図は，**WBS**である。

イモヅル式解説

WBS〈＝Work Breakdown Structure〉（**エ**）は，プロジェクトの計画段階で行う作業であり，プロジェクトで実施する全作業を，コスト見積りとスケジュール作成を行えるレベルまで展開して階層構造に整理したものである。

そのほかの選択肢もまとめて覚えよう。

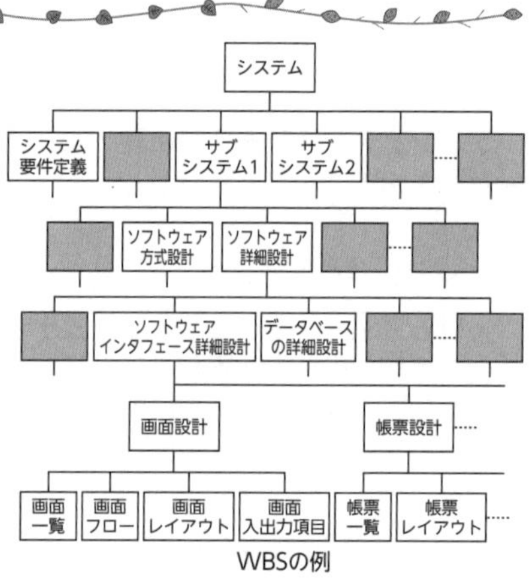

WBSの例

CRM〈=Customer Relationship Management；顧客関係管理〉（**ア**）〔➡**Q058**〕	ITを活用して顧客との良好な関係を築く手法。
ERP〈=Enterprise Resource Planning；企業資源計画〉（**イ**）〔➡**Q058**〕	企業全体の経営資源を有効かつ総合的に計画して管理し，経営の効率向上を図る手法。
PPM〈=Product Portfolio Management〉（**ウ**）〔➡**Q054**〕	市場成長率と市場占有率の高低で4つに分類し，そこに自社商品を位置付けることで理解しやすくする手法。

イモヅル復習問題 ➡ **Q014，Q019，Q058，Q070，Q083**

正解 **エ**

でる度 ★★★

Q
116

プロジェクトにおけるリスクマネジメントに関する記述として，最も適切なものはどれか。

ア プロジェクトは期限が決まっているので，プロジェクト開始時点において全てのリスクを特定しなければならない。

イ リスクが発生するとプロジェクトに問題が生じるので，リスクは全て回避するようにリスク対応策を計画する。

ウ リスク対応策の計画などのために，発生する確率と発生したときの影響度に基づいて，リスクに優先順位を付ける。

エ リスクの対応に掛かる費用を抑えるために，リスク対応策はリスクが発生したときに都度計画する。

サクッと正解

リスクマネジメントとは，リスクについて，①特定，②分析，③評価，④対応の決定，を行うこと。

イモヅル式解説

リスク〔➡Q117〕の大きさは「**発生する確率×発生したときの影響度**」で表すことができる。プロジェクトにおける**リスクマネジメント**では，まず**リスクを特定**する。次に，そのリスクが**発生する確率**と**発生したときの影響度**を分析して評価する。この評価を基にして，リスクに優先順位を付け，対応策を考えることになる（**ウ**）。

そのほかの選択肢の内容も確認しておこう。

- プロジェクトは期限が決まっているが，開始時点において可能性のある全リスクを特定する（**ア**）のは困難であり，適切ではない。
- リスクが発生するとプロジェクトに問題が生じるが，リスクはすべて回避する（**イ**）のは困難であるため，分析の結果によってコストや効果を考え，回避のほかに，**移転**，**受容**，**低減**〔➡Q223〕といった対応もすべきである。
- リスクの対応に掛かる費用を抑えることは大事であるが，すでに特定されているリスクへの対応策は，発生ごとに計画する（**エ**）のではなく，あらかじめ決めておくほうが適切である。

イモヅル復習問題 ➡ **Q048**

正解 **ウ**

でる度★☆☆

Q117

プロジェクトにおけるリスクには，マイナスのリスクとプラスのリスクがある。スケジュールに関するリスク対応策のうち，プラスのリスクへの対応策に該当するものはどれか。

ア　インフルエンザで要員が勤務できなくならないように，インフルエンザが流行する前にメンバ全員に予防接種を受けさせる。
イ　スケジュールを前倒しすると全体のコストを下げられるとき，プログラム作成を並行して作業することによって全体の期間を短縮する。
ウ　突発的な要員の離脱によるスケジュールの遅れに備えて，事前に交代要員を確保する。
エ　納期遅延の違約金の支払に備えて，損害保険に加入する。

サクッと正解

プラスのリスクとは，発生すると利益になるリスクのこと。

イモヅル式解説

リスクとは，**不確実性**のことであり，発生すると利益となる**プラスのリスク**と，発生すると損失となる**マイナスのリスク**に分けられる。たとえば，「為替のリスクが高まった」といった場合，為替の変動をプラスに捉えるかマイナスに捉えるかは，立場によって異なってくる。

選択肢を検討すると，スケジュールの前倒しが可能になり，全体のコストを下げることができる「プログラム作成を並行して作業すること」（**イ**）は，プラスのリスクへの対応策に該当する。

インフルエンザで要員が勤務できなくなる（**ア**），突発的な要員の離脱によりスケジュールが遅れる（**ウ**），納期遅延の違約金の支払が生じる（**エ**）などといったことは好ましくないことであり，マイナスのリスクへの対応策に該当する。

イモヅル復習問題 ⇒ Q048，Q116

正解 **イ**

Q118

システム開発において使用するアローダイアグラムの説明として，適切なものはどれか。

ア　業務のデータの流れを表した図である。
イ　作業の関連をネットワークで表した図である。
ウ　作業を縦軸にとって，作業の所要期間を横棒で表した図である。
エ　ソフトウェアのデータ間の関係を表した図である。

サクッと正解

アローダイアグラムとは，作業の関連をネットワークで表した図のこと。

イモヅル式解説

アローダイアグラムは，ある作業の内容と日程の流れを，矢印で順を追って表した図（**イ**）であり，PERT〈=Program Evaluation and Review Technique〉図とも呼ばれる。複数の作業をどの手順で進めれば最短時間で完成するかを調査し，プロジェクトを完了させるのに必要な最小時間となる**クリティカルパス**を明らかにする。

そのほかの選択肢の内容も確認しておこう。

- 業務のデータの流れを表した図（**ア**）は，DFD〈=Data Flow Diagram〉である。
- 作業を縦軸にとって，作業の所要期間を横棒で表した図（**ウ**）は，**ガントチャート**〔➡Q152〕である。
- ソフトウェアのデータ間の関係を表した図（**エ**）は，UML〈=Unified Modeling Language〉〔➡Q066〕のユースケース図やデータベース設計における**E-R図**〔➡Q196〕である。

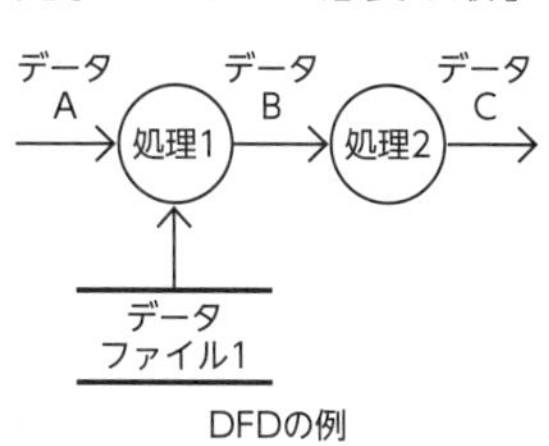

DFDの例

E-R図の例

イモヅル復習問題 ➡Q097

正解　**イ**

 でる度★★★

Q119

システム開発を示した図のアローダイアグラムにおいて，工程AとDが合わせて3日遅れると，全体では何日遅れるか。

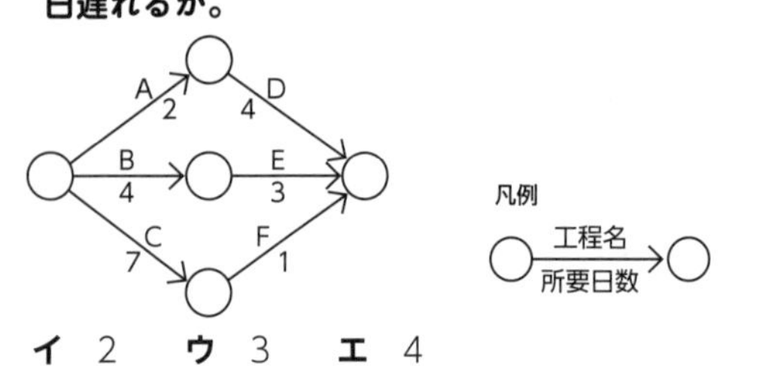

ア 1　イ 2　ウ 3　エ 4

サクッと正解

各経路における**所要日数の合計**を計算し，変化した場合の所要日数と比較する。

イモヅル式解説

設問のアローダイアグラム〔➡Q118〕は，左端の開発開始から右端の開発完了まで，下記の3つの経路がある。それぞれの経路において，工程名とともに示されている所要日数を足し，右端の開発完了までの所要日数を算出してみる。

①A（2日）＋D（4日）＝6日
②B（4日）＋E（3日）＝7日
③C（7日）＋F（1日）＝8日

ここから，所要日数が最も長い「C＋F」の8日が，このプロジェクトに必要な日数であることがわかる。この日数をクリティカルパス〔➡Q118〕という。次に，工程AとDが合わせて3日遅れた場合の所要日数を計算してみる。

①' A（2日）＋D（4日）＋**遅れた3日**＝9日

工程AとDが合わせて3日遅れると，「A＋D」が9日になり，プロジェクトに必要な日数（クリティカルパス）が9日になる。本来は8日だったので，全体では1日遅れたことになる。

イモヅル復習問題 ➡Q118　　正解 ア

でる度★★☆

Q 120

Cさんの生産性は，Aさんの1.5倍，Bさんの3倍とする。AさんとBさんの2人で作業すると20日掛かるソフトウェア開発の仕事がある。これをAさんとCさんで担当した場合の作業日数は何日か。

ア 12　**イ** 15
ウ 18　**エ** 20

サクッと正解

各人の**生産性**を算出し，**作業量**を計算してから，必要な**作業日数**を求める。

イモヅル式解説

ソフトウェア開発に掛かる作業日数を求める計算問題である。まず，Aさんが1日に行える作業量を1として，BさんとCさんの1日に行える作業量を計算する。

①Cさん

Aさんの1.5倍＝**1×1.5＝1.5**

②Bさん

Cさんの1/3＝**1.5×1/3＝0.5**

次に，AさんとBさんの2人で作業すると20日掛かるソフトウェア開発の仕事の作業量を計算する。Bさんの作業量は②で算出している。

Aさんの作業量1＋Bさんの作業量0.5＝1.5

ここから，20日分の作業量を換算する。

③**1.5×20日**＝**30**

続いて，AさんとCさんで担当した場合の作業日数を計算する。Cさんの作業量は①で算出している。

④Aさんの作業量1＋Cさんの作業量1.5＝2.5

最後に，③で求めた作業量30を，④で算出した2.5で割る。

30÷2.5＝12日

正解 ア

でる度★★★

Q 121

50本のプログラム開発をA社又はB社に委託することにした。開発期間が短い会社と開発コストが低い会社の組合せはどれか。

〔前提〕

・A社　生産性：プログラム1本を2日で作成　コスト：4万円／日
・B社　生産性：プログラム1本を3日で作成　コスト：3万円／日
・プログラムは1本ずつ順に作成する。

	開発期間が短い	開発コストが低い
ア	A社	A社
イ	A社	B社
ウ	B社	A社
エ	B社	B社

サクッと正解

開発期間＝**プログラムの本数×1本の開発期間**
開発コスト＝**開発期間×1日のコスト**

イモヅル式解説

プロジェクト調達マネジメントやプロジェクトコストマネジメントに関する計算問題である。

設問の前提にある数値で，A社とB社に1本のプログラム開発を委託した場合の，開発期間と開発コストを算出して比較する。

A社	開発期間	**プログラム1本×2日=2日**
	開発コスト	**開発期間2日×4万円／日=8万円**
B社	開発期間	**プログラム1本×3日=3日**
	開発コスト	**開発期間3日×3万円／日=9万円**

上表の計算結果から，A社のほうが開発期間が短く，開発コストが低くなることがわかる。

正解　**ア**

サービスマネジメント

でる度 ★★☆

Q 122 ITサービスマネジメントのフレームワークはどれか。

ア IEEE
イ IETF
ウ ISMS
エ ITIL

サクッと正解

ITサービスを運用管理するための成功事例集を**ITIL**という。

イモヅル式解説

ITIL〈=Information Technology Infrastructure Library〉（エ）は，ITサービスを運用管理するための方法を体系的にまとめたベストプラクティス（成功事例）集である。

試験に出る団体や規格の名称をまとめて覚えよう。

IEEE〈=Institute of Electrical and Electronics Engineers〉（ア）	米国電気電子学会。電気・電子技術に関する非営利の団体であり，主な活動内容としては，学会活動，書籍の発行，IEEE規格の標準化を行っている。
IETF〈=Internet Engineering Task Force〉（イ）	インターネットで利用される技術仕様やプロトコルの標準化を促進している団体。標準化された技術はRFC〈=Request For Comments〉として公開されている。
ANSI〈=American National Standards Institute〉	米国規格協会。米国の工業製品に関する標準規格を制定している。
JISC〈=Japanese Industrial Standards Committee〉	日本工業標準調査会。工業製品の標準化に関する調査や審議を行っており，JISの制定，改正などに関する審議を行っている。
ISMS〈=Information Security Management System〉（ウ）〔➡Q214〕	情報セキュリティ管理システムの構築や運用などに関する国際規格。

イモヅル復習問題 ➡ Q038，Q039

正解 エ

でる度★★★

Q123 ITサービスマネジメントの活動に関する記述として，適切なものはどれか。

ア　システム開発組織におけるプロセスの成熟度をレベル1からレベル5で定義し，改善を支援する。

イ　システム開発のプロジェクトを完了させるために，役割と責任を定義して要員の調達の計画を作成する。

ウ　システムの可用性に関する指標を定義し，稼働実績を取得し，目標を達成するために計画，測定，改善を行う。

エ　新規に開発するシステムに必要な成果物及び成果物の作成に必要な作業を明確にする。

サクッと正解

ITサービスマネジメントの活動のひとつは，システムの可用性に関する改善を行うことである。

イモヅル式解説

ITサービスマネジメントは，ITサービスを提供する企業が，顧客の要求事項を満たすために，管理されたサービスを効果的に提供・維持することである。システムの**可用性**〔➡Q126〕に関する指標を定義し，稼働実績を取得し，目標を達成するために計画，測定，改善を行う（**ウ**）のは，ITサービスマネジメントにおける**可用性管理**〔➡Q126〕の活動である。そのほかの選択肢の内容も確認しておこう。

- システム開発組織におけるプロセスの成熟度をレベル1からレベル5で定義し，改善を支援する（**ア**）のは，**CMMI**〈=Capability Maturity Model Integration〉〔➡Q096〕の活動である。
- システム開発のプロジェクトを完了させるために，役割と責任を定義して要員の調達の計画を作成する（**イ**）のは，プロジェクトマネジメントにおける**人的資源マネジメント**〔➡Q112〕の活動である。
- 開発するシステムに必要な成果物及び成果物の作成に必要な作業を明確にする（**エ**）のは，**プロジェクトマネジメント**の活動である。

イモヅル復習問題 ➡ Q096

正解　ウ

でる度★★★

Q124

サービスレベル管理のPDCAサイクルのうち，C（Check）で実施する内容はどれか。

ア　SLAに基づくサービスを提供する。
イ　サービス提供結果の報告とレビューに基づき，サービスの改善計画を作成する。
ウ　サービス要件及びサービス改善計画を基に，目標とするサービス品質を合意し，SLAを作成する。
エ　提供したサービスを監視・測定し，サービス報告書を作成する。

サクッと正解

PDCAの**C（評価・確認）**に該当するのは，サービスの監視・測定。

イモヅル式解説

PDCAサイクルは，計画（Plan）を立て，実行（Do）し，途中で評価や確認（Check）を行い，見直しや改善（Act）を繰り返していく手法である。**SLA**〔➡Q127〕とは，サービス内容に関して，サービスの提供者と顧客との間で合意した契約のこと。

これを選択肢のサービスレベル管理に当てはめて考える。

- SLAに基づくサービスの提供（ア）は，**実行（Do）**の内容である。
- サービス提供結果の報告とレビューに基づき，サービスを改善するための計画を作成する（イ）のは，**改善（Act）**の内容である。
- サービス要件及びサービス改善計画を基に，目標とするサービス品質を合意し，これから提供するサービスの合意書であるSLAを作成する（ウ）のは，**計画（Plan）**の内容である。
- 提供したサービスを監視・測定して報告書を作成する（エ）のは，**評価・確認（Check）**の内容である。

ちょっと深掘り　SLAとSLM

SLA〈=Service Level Agreement〉とは，サービス提供者と顧客との間で取り決めたサービスレベルの合意書のこと。また，SLM〈=Service Level Management〉は，ITサービスの品質の維持・向上のための活動である。

正解　**エ**

でる度★★☆

Q 125

SNSの事例におけるITサービスマネジメントの要件に関する記述のうち，機密性に該当するものはどれか。

ア　24時間365日利用可能である。

イ　許可されていないユーザはデータやサービスにアクセスできない。

ウ　サーバ設置場所に地震などの災害が起こっても，1時間以内に利用が再開できる。

エ　投稿した写真の加工や他のユーザのフォローができる。

サクッと正解

機密性とは，権限をもつユーザしかアクセスできない特性のこと。

イモヅル式解説

機密性は，情報にアクセスできる権限をもつユーザだけが閲覧可能となる特性である。逆にいえば許可されていないユーザはデータやサービスにアクセスできない（**イ**）ことになる。

そのほかの選択肢の内容も確認しておこう。

- 24時間365日利用可能である（**ア**）のは，**可用性**〔➡Q126〕に該当する。あらかじめ合意された時点や期間にわたり，要求された機能を使用できる度合いのことである。
- サーバ設置場所に地震などの災害が起こっても，1時間以内に利用が再開できる（**ウ**）のは，**信頼性**に該当する。機能が正常に動作し続ける度合いであり，障害の起こりにくさの度合いのことである。
- 投稿した写真の加工や他のユーザのフォローができる（**エ**）のは，**機能性**に該当する。目的から求められる必要な機能を実装している度合いのことである。

正解　**イ**

でる度★★★

Q126

ITサービスマネジメントにおける可用性管理の目的として，適切なものはどれか。

ア ITサービスを提供する上で，目標とする稼働率を達成する。
イ ITサービスを提供するシステムの変更を，確実に実施する。
ウ サービス停止の根本原因を究明し，再発を防止する。
エ 停止したサービスを可能な限り迅速に回復させる。

サクッと正解

可用性管理の目的のひとつは，目標とする稼働率を達成することである。

イモヅル式解説

可用性は，アベイラビリティ（Availability）とも呼ばれ，利用者から見て使用したいときに使用できる度合いのことである。可用性の数値としての表現は，**稼働率**と呼ばれる。

可用性管理は，提供されるITサービスに対し，必要なときに提供できる能力についてのマネジメントである。

ITサービスを提供する上で，目標とする稼働率を達成する（**ア**）ことは，可用性管理の目的である。

そのほかの選択肢の内容も確認しておこう。

- ITサービスを提供するシステムの変更を，確実に実施する（**イ**）のは，**変更管理**〔➡Q131〕の目的である。
- サービス停止の根本原因を究明し，再発を防止する（**ウ**）のは，**問題管理**〔➡Q131〕の目的である。
- 停止したサービスを可能な限り迅速に回復させる（**エ**）のは，**インシデント管理**〔➡Q131〕の目的である。ITサービスマネジメント〔➡Q123〕でいうインシデントとは，大きなトラブルなどを引き起こす可能性がある比較的小さな事象のこと。

正解 **ア**

サービスマネジメント

でる度 ★★★

Q 127 ホスティングによるアプリケーション運用サービスのSLAの項目に，サービスデスク，信頼性，データ管理があるとき，サービスレベルの具体的な指標a～cとSLAの項目の適切な組合せはどれか。

a　障害発生から修理完了までの平均時間
b　問合せ受付業務の時間帯
c　バックアップ媒体の保管期間

	a	b	c
ア	サービスデスク	信頼性	データ管理
イ	サービスデスク	データ管理	信頼性
ウ	信頼性	サービスデスク	データ管理
エ	データ管理	信頼性	サービスデスク

サクッと正解

修理の平均時間は**信頼性**，受付時間帯は**サービスデスク**，バックアップ媒体の保管期間は**データ管理**の指標になる。

イモヅル式解説

SLAは，サービス及びサービス目標値に関するサービス提供者と顧客との間で合意した契約である。障害発生から修理完了までの平均時間（a）は，信頼性〔➡Q125〕に該当する。問合せ受付業務の時間帯（b）は，サービスデスク〔➡Q130〕の項目である。バックアップ媒体の保管期間（c）は，データ管理の項目である。

フルバックアップ方式〔➡Q179〕	すべてのファイルをバックアップし，ファイル更新を示す情報はリセットする。
差分バックアップ方式	最初のバックアップのあと，ファイル更新を示す情報のあるファイルだけをバックアップし，ファイル更新を示す情報は変更せずに残しておく。
増分バックアップ方式〔➡Q179〕	直前に行ったバックアップのあと，ファイル更新を示す情報のあるファイルだけをバックアップし，ファイル更新を示す情報はリセットする。

イモヅル復習問題 ➡Q124

正解 ウ

でる度 ★★★

Q128

ITサービスを提供するために，データセンタでは建物や設備などの資源を最適な状態に保つように維持・保全する必要がある。建物や設備の維持・保全に関する説明として，適切なものはどれか。

ア　ITベンダと顧客の間で不正アクセスの監視に関するサービスレベルを合意する。
イ　自家発電機を必要なときに利用できるようにするために，点検などを行う。
ウ　建物の建設計画を立案し，建設工事を完成させる。
エ　データセンタで提供しているITサービスに関する，利用者からの問合せへの対応，一次解決を行う。

サクッと正解

建物や設備の**維持・保全**の一環として，自家発電機の点検などを行う。

イモヅル式解説

ITサービスを提供するために，データセンタで建物や設備などの資源を最適な状態に保つように維持・保全することは，**ファシリティマネジメント**と呼ばれている。自家発電機を必要なときに利用できるようにするために，点検などを行う（**イ**）のは，建物や設備の維持・保全であり，ファシリティマネジメントである。

そのほかの選択肢の内容も確認しておこう。

- ITベンダと顧客の間で不正アクセスの監視に関するサービスレベルを合意する（**ア**）のは，**SLA**〈=Service Level Agreement〉〔➡**Q127**〕である。
- 建物の建設計画を立案し，建設工事を完成させる（**ウ**）とき，建物の建設は維持・保全であるファシリティマネジメントに含まれない。
- データセンタで提供しているITサービスに関する，利用者からの問合せへの対応，一次解決を行う（**エ**）のは，**サービスデスク**〔➡**Q130**〕の目的である。

イモヅル復習問題 ➡**Q124，Q127**

正解 **イ**

でる度★★☆

Q 129

テレワークを推進しているある会社では，サテライトオフィスを構築している。サテライトオフィスで使用するネットワーク機器やPCを対象に，落雷による過電流を防止するための対策を検討した。有効な対策として，最も適切なものはどれか。

ア　グリーンITに対応した機器の設置
イ　サージ防護に対応した機器の設置
ウ　無線LANルータの設置
エ　無停電電源装置の設置

サクッと正解

落雷による過電流を防止するための対策としては，**サージ防護**に対応した機器の設置が有効である。

イモヅル式解説

テレワークとは，ITを活用し，時間や場所の制約を受けず，柔軟に働くことができる働き方の総称。**サテライトオフィス**は，本来の職場から離れた場所に設置された事務所のことである。

落雷により電気系統などに異常に高い電圧・電流が瞬間的に発生する**サージ**は，電子回路の瞬断や誤動作，部品の故障などの原因になる。避雷用トランスなどのサージ防護に対応した機器（**サージ保護デバイス**〈=Surge Protective Device；SPD〉）の設置（**イ**）が有効な対策となる。

グリーンIT（**ア**）は，省エネや資源の有効利用だけではなく，それらの機器の利用によって社会の省エネを推進し，環境を保護していく取組みである。落雷による過電流を防止するための対策ではない。

無線LANルータを設置（**ウ**）すれば，PCをLANケーブルなどに接続しなくて済むが，電源ケーブルなどは必要であり，落雷による過電流の防止についての直接的な対策ではない。

無停電電源装置（UPS）〔➡Q173〕の設置（**エ**）は，電源の瞬断や停電に有効であるが，落雷による過電流などは防ぐことができず，直接的な対策として有効ではない。

正解　イ

Q130

サービスデスクが行うこととして，最も適切なものはどれか。

ア　インシデントの根本原因を排除し，インシデントの再発防止を行う。
イ　インシデントの再発防止のために，変更されたソフトウェアを導入する。
ウ　サービスに対する変更を一元的に管理する。
エ　利用者からの問合せの受付けや記録を行う。

サクッと正解

サービスデスクは，利用者からの問合せの受付けや記録を行う。

イモヅル式解説

サービスデスクは，ユーザと企業をつなぐ窓口で，**インシデント**への一次対応やサービス要求への対応などを行う。

- インシデントの根本原因を排除し，インシデントの再発防止を行う（**ア**）のは，**問題管理**〔➡Q131〕プロセスである。
- インシデントの再発防止のために，変更されたソフトウェアを導入する（**イ**）のは，**リリース管理**〔➡Q131〕及び展開管理プロセスである。
- サービスに対する変更を一元的に管理する（**ウ**）のは，**変更管理**〔➡Q131〕プロセスである。

ちょっと深掘り　サービスデスクの構成による分類

中央サービスデスク	費用対効果やコミュニケーション効率の向上を目的として，サービスデスクやスタッフを単一または少数の場所に集中させる構成。
ローカルサービスデスク	利用者の拠点と同じ場所か，物理的に近い場所に存在している構成。
バーチャルサービスデスク	サービスデスクやスタッフが複数の地域に分散している構成。通信技術の利用により，利用者からは単一のサービスデスクに見える。

正解　**エ**

でる度 ★★★

Q 131

ITサービスの利用者からの問合せに自動応答で対応するために，チャットボットを導入することにした。このようにチャットボットによる自動化が有効な管理プロセスとして，最も適切なものはどれか。

ア インシデント管理　**イ** 構成管理
ウ 変更管理　**エ** 問題管理

サクッと正解

チャットボットによる自動対応は，**インシデント管理**に有効である。

イモヅル式解説

インシデント管理（ア）とは，システムの不具合などに対して暫定的な回避策を実施し，迅速な復旧を行うプロセス。**チャットボット**は，利用者が質問などを入力すると，その内容に応じてコンピュータが会話型で解決方法を提示する機能である。チャットボットによる問合せへの対応の自動化は，暫定的な解決方法や迅速な復旧を支援・提供できるので，インシデント管理のプロセスに有効である。

構成管理（イ）	ITサービスを構成する要素の情報を正確に把握し，維持管理及び確認や監査を行うプロセス。
変更管理（ウ）	ITサービスを構成する要素に関わる変更作業について，リスク管理と評価を行うプロセス。
問題管理（エ）	インシデントや障害を引き起こす原因の追及と根本的な対策，再発防止策の策定を目的としたプロセス。
リリース管理	変更管理のプロセスで承認された内容を現場の利用環境に正しく反映させるリリース作業を管理するプロセス。

ちょっと深掘り **既知の誤り（Known error）**

既知のエラーとも呼ばれる。根本原因が特定されているか，もしくはワークアラウンド（回避策）によりサービスの影響を低減または除去する方法がわかっている問題のこと。

イモヅル復習問題 ➡ Q020，Q126

正解 ア

でる度★★☆

Q132 **利用者からの問合せの窓口となるサービスデスクでは，電話や電子メールに加え，自動応答技術を用いてリアルタイムで会話形式のコミュニケーションを行うツールが活用されている。このツールとして，最も適切なものはどれか。**

ア FAQ
イ RPA
ウ エスカレーション
エ チャットボット

サクッと正解

AIを活用した自動応答技術などで会話形式のコミュニケーションを行うツールは，**チャットボット**である。

イモヅル式解説

チャットボット（**エ**）〔➡**Q131**〕は，会話（チャット）するロボット（ボット）という意味で，自動応答技術を用いて**リアルタイム**で会話形式のコミュニケーションを行うツールである。

そのほかの選択肢もまとめて覚えよう。

FAQ〈=Frequently Asked Questions〉（**ア**）	よく聞かれる質問と，それに対する回答を整理し，参照できるようにした仕組み。
RPA〈=Robotic Process Automation〉（**イ**）〔➡**Q063**〕	ホワイトカラーが行っている単純な間接部門の作業を，ルールエンジンや認知技術などを活用したソフトウェアで代行することで，自動化や効率化を図るシステム。
エスカレーション（**ウ**）	サービスデスク〔➡**Q130**〕において，システム利用者からの問合せに対し，現場の担当者やオペレータが対応しきれない困難な事態が発生したとき，上位の管理者などに報告して指示を仰いだり，事態の対応を引き継いだりすること。

イモヅル復習問題 ➡**Q020，Q063，Q072，Q131**

正解 **エ**

システム監査

でる度★★★

Q133

システム監査の業務は，監査計画の立案，監査証拠の入手と評価，監査手続の実施，監査報告書の作成，フォローアップのプロセスに分けられる。これらのうち，適切な対策の実施を指導するプロセスはどれか。

ア　監査証拠の入手と評価　　**イ**　監査手続の実施
ウ　監査報告書の作成　　**エ**　フォローアップ

サクッと正解

システム監査では，対策実施を指導するフォローアップも行う。

イモヅル式解説

システム監査の業務は，5つのプロセスに分類できる。

①システム監査計画の立案

監査手続の種類，実施時期，適用範囲など，適切な監査計画を立案する。計画は，状況に応じて変更できるものでなければならない。

②結論の根拠となる監査証拠の入手と評価（ア）

監査の結論を裏付けるための監査証拠を入手しなければならない。

③手続に則った監査の実施（イ）

適切かつ慎重に監査手続を行う。目的及び対象範囲，**システム監査人**の権限と責任が，文書で明確に定められていなければならない。

④監査を実施した監査報告書の作成（ウ）

監査の結論に至った過程を明らかにし，結論を支える合理的な根拠とするために，監査報告書を作成し，適切に**保管**しなければならない。

⑤報告書の指摘事項などに対する指導・支援のフォローアップ（エ）

システム監査人は，監査報告書に改善提案を記載した場合，措置が適切・適時に講じられているかを**モニタリング**しなければならない。

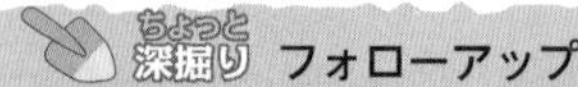

フォローアップ

監査対象部門の責任において実施される改善を，システム監査人が事後的に確認するという性質のもの。システム監査人は改善のための提案は行うが，改善提案を実行する立場ではないことを理解しておこう。

正解　**エ**

でる度 ★★★

Q134 システム監査の目的はどれか。

ア 情報システム運用段階で，重要データのバックアップをとる。
イ 情報システム開発要員のスキルアップを図る。
ウ 情報システム企画段階で，ユーザニーズを調査し，システム化要件として文書化する。
エ 情報システムに係るリスクをコントロールし，情報システムを安全，有効かつ効率的に機能させる。

サクッと正解

システム監査の目的は，情報システムが正しく効率的に機能しているかをチェックすることである。

イモヅル式解説

システム監査〔➡Q133〕の目的は，経済産業省の「システム監査基準」に定義されている。情報システムにまつわるリスク〔➡Q117〕を適切に対処しているかどうかを，独立かつ専門的な立場の**システム監査人**〔➡Q135〕が点検・評価・検証することを通じて，下記のように改善することである。

- 組織体の経営活動と業務活動の効果的かつ効率的な遂行
- 上記の変革を支援し，組織体の目標達成に寄与すること
- **利害関係者**〔➡Q109〕に対する**説明責任**を果たすこと

これを踏まえて選択肢を検討すると，運用段階で重要データのバックアップをとる（**ア**），開発要員のスキルアップを図る（**イ**），企画段階でユーザニーズを文書化する（**ウ**）のは，どれも重要ではあるが，設問のシステム監査の目的ではない。

イモヅル復習問題 ➡Q109，Q117，Q133

正解 **エ**

システム監査

でる度★★☆

Q135

情報システム部がシステム開発を行い，品質保証部が成果物の品質を評価する企業がある。システム開発の進捗は管理部が把握し，コストの実績は情報システム部から経理部へ報告する。現在，親会社向けの業務システムの開発を行っているが，親会社からの指示でシステム開発業務に対するシステム監査を実施することになり，社内からシステム監査人を選任することになった。システム監査人として，最も適切な者は誰か。

ア　監査経験がある開発プロジェクトチームの担当者
イ　監査経験がある経理部の担当者
ウ　業務システムの品質を評価する品質保証部の担当者
エ　システム開発業務を熟知している情報システム部の責任者

サクッと正解

システム監査人は，監査される部門と距離がある必要がある。

イモヅル式解説

システム監査人は，客観的な視点から公正な判断を行わなければならないため，監査対象の領域または活動から，**独立かつ専門的な立場**で監査が実施されるという外観に配慮しなければならない。所属部門が監査対象と同一の指揮命令系統にある場合，組織的な独立性が損なわれていると解釈され得る。これを踏まえ，選択肢を検討する。

- 監査経験がある開発プロジェクトチームの担当者（**ア**）は，システム開発業務の当事者なので，適切ではない。
- 監査経験がある経理部の担当者（**イ**）は，システム監査〔➡**Q133**〕の実施に必要な知識や技能があると考えられ，経理部の担当者でシステム開発業務には直接関係していないので，適切であるといえる。
- 業務システムの品質を評価する品質保証部の担当者（**ウ**）は，システム開発業務に関係しているので，適切ではない。
- システム開発業務を熟知している情報システム部の責任者（**エ**）は，情報システム部に所属しているので，適切ではない。

イモヅル復習問題 ➡ **Q133，Q134**

正解　**イ**

システム監査

でる度★★★

Q 136 **内部統制における相互けん制を働かせるための職務分掌の例として，適切なものはどれか。**

ア　営業部門の申請書を経理部門が承認する。
イ　課長が不在となる間，課長補佐に承認権限を委譲する。
ウ　業務部門と監査部門を統合する。
エ　効率化を目的として，業務を複数部署で分担して実施する。

サクッと正解

職務分掌とは，申請する人と承認する人が異なるように権限を分散すること。

イモヅル式解説

職務分掌は，各部門の職務の内容と責任及び権限を定め，実施者と承認者が異なるようにするなど，相互にけん制させるように役割や権限を分担・分離することである。

職務分掌を明確に規定しておくことは，内部統制〔➡Q137〕を可視化させ，不適切な行為の発生を防止する効果があるといえる。

これを踏まえ，選択肢を検討する。

- 営業部門の申請書を経理部門が承認する（**ア**）のは，申請と承認が異なる部門になっており，適切である。
- 課長が不在となる間，課長補佐に承認権限を委譲する（**イ**）のは，職務分掌の例ではない。
- 業務部門と監査部門を統合する（**ウ**）と，監査〔➡Q133〕を行うときに監査人〔➡Q135〕の独立に反することになり，適切ではない。
- 効率化を目的として，業務を複数部署で分担して実施する（**エ**）のは，職務分掌と直接関係がなく，職務分掌の例ではない。

イモヅル復習問題 ➡Q010　　正解 **ア**

でる度★★☆

Q 137

内部統制の考え方に関する記述a～dのうち，適切なものだけを全て挙げたものはどれか。

a　事業活動に関わる法律などを遵守し，社会規範に適合した事業活動を促進することが目的の一つである。

b　事業活動に関わる法律などを遵守することは目的の一つであるが，社会規範に適合した事業活動を促進することまでは求められていない。

c　内部統制の考え方は，上場企業以外にも有効であり取り組む必要がある。

d　内部統制の考え方は，上場企業だけに必要である。

ア　a，c　　イ　a，d　　ウ　b，c　　エ　b，d

サクッと正解

内部統制は，上場企業以外にも有効である。法令遵守の考え方には，社会規範への適合も含まれる。

イモヅル式解説

内部統制は，業務の有効性及び効率性，財務報告の信頼性，法令遵守などを達成するために，企業内のすべての者によって遂行されるプロセスである。これを踏まえ，設問の記述を検討していく。

- 法律などを遵守し，社会規範に適合した事業活動を促進すること（a）は，内部統制の目的のひとつとして適切である。
- 社会規範に適合した事業活動を促進することまでは求められていない（b）という記述は，法律遵守が社会規範に適合した事業活動を促進することも含んでいるので，適切ではない。
- 内部統制の考え方は，上場企業以外にも有効であり取り組む必要がある（c）という記述は適切であり，企業規模で制約を受けるものではなく，株式を上場しているかどうかで判断するものでもない。
- 上記と同様に，内部統制の考え方は，上場企業だけに必要である（d）という記述は誤りである。

イモヅル復習問題 ➡Q136

正解　ア

でる度 ★★☆

Q 138

内部統制におけるモニタリングの説明として，適切なものはどれか。

ア 内部統制が有効に働いていることを継続的に評価するプロセス
イ 内部統制に関わる法令その他の規範の遵守を促進するプロセス
ウ 内部統制の体制を構築するプロセス
エ 内部統制を阻害するリスクを分析するプロセス

サクッと正解

内部統制における**モニタリング**は，内部統制が有効に機能していることを継続的に評価するプロセスである。

イモヅル式解説

内部統制〔➡Q137〕とは，業務の適正を確保する体制を構築する仕組みともいえる。内部統制の目的達成のための要素は下表のとおり。

統制環境	経営方針や経営戦略，経営者の姿勢など，組織の気風を決定し，組織内のすべての者の統制に対する意識に影響を与える基盤。
リスクの評価と対応	組織目標の達成を阻害する要因をリスク〔➡Q117〕として識別，分析及び評価するプロセス（**エ**）。
統制活動	経営者の命令及び指示が適切に実行されることを確保するために定められる体制を構築するプロセス（**ウ**）。
情報と伝達	必要な情報が識別，把握及び処理され，組織内外及び関係者相互に正しく伝えられることを確保するプロセス。
モニタリング	内部統制が有効に機能していることを継続的に評価するプロセス（**ア**）。
ITへの対応	組織目標を達成するため，あらかじめ適切な方針及び手続きを定め，それを踏まえ，業務の実施において組織内外のITに適切に対応するプロセス。

内部統制に関わる法令その他の規範の遵守を促進するプロセス（**イ**）は，事業活動に関わる法令などの遵守の目的である。

イモヅル復習問題 ➡ Q137

正解 **ア**

でる度★★★

Q139 ITガバナンスの説明として，適切なものはどれか。

ア ITサービスの運用を対象としたベストプラクティスのフレームワーク
イ IT戦略の策定と実行をコントロールする組織の能力
ウ ITや情報を活用する利用者の能力
エ 各種手続にITを導入して業務の効率化を図った行政機構

サクッと正解

ITガバナンスは，IT戦略の策定と実行を管理する組織の能力である。

イモヅル式解説

ITガバナンスは，企業活動の目的を達成するために，ITを活用したシステムの最適化を図る仕組み（**イ**）や取組みである。

そのほかの選択肢の内容も確認しておこう。

- ITサービスの運用を対象としたベストプラクティス（成功事例）〔➡Q053〕のフレームワーク（**ア**）は，ITIL〔➡Q122〕である。
- ITや情報を活用する利用者の能力（**ウ**）は，ITリテラシである。
- 各種手続にITを導入して業務の効率化を図った行政機構（**エ**）は，電子政府や電子自治体などの説明である。電子政府は，行政機関において対面で行っていた申請や登録などの手続きを，インターネットを利用してオンラインで行えるようにする取組みである。

ちょっと深掘り ガバナンスとガバメントの違い

ガバナンス（Governance）	組織や社会に関与する者が主体的・自主的に関与する意思決定や合意形成のシステム。
ガバメント（Government）	政府などが上の立場で強制力をもって行うなど，法的拘束力のある統治システム。

イモヅル復習問題 ➡Q009，Q122

正解 イ

システム監査

でる度 ★★☆

Q 140 適切なITガバナンスを構築するための役割①～④に関して，それを担う経営者と情報システム部門の責任者の分担の適切な組合せはどれか。

①ITガバナンスの方針の明確化

②情報化投資の決定における原則の制定

③情報システム部門内における役割分担と権限の決定

④プロジェクト計画に基づいたシステム開発の進捗管理

	経営者	情報システム部門の責任者
ア	①，②	③，④
イ	①，③	②，④
ウ	②，③	①，④
エ	②，④	①，③

サクッと正解

方針や原則を決めるのは**経営者**，部門内の分担や進捗管理は**各部門の責任者**の仕事。

イモヅル式解説

ITガバナンス〔➡Q139〕は，コーポレートガバナンス〔➡Q009〕から派生した概念であり，ITシステムへの投資，効果，リスク〔➡Q117〕を最適化するための組織的な仕組みや取組みである。

ITガバナンスにおける方針の明確化（①），情報化投資の決定における原則の制定（②）などは，組織全体に直接の責任を負う経営者が担う役割である。

情報システム部門内で完結する業務の役割分担と権限の決定（③），プロジェクト計画に基づいたシステム開発の進捗管理（④）などは，各部署における現場の裁量と責任で遂行される業務であり，情報システム部門の責任者などの各部門の責任者が担う役割である。

イモヅル復習問題 ➡ Q009，Q139

正解 ア

2 マネジメント系

COLUMN

情報処理技術者試験で目指す道

ITパスポート試験の合格報告と同時によく聞かれる質問のひとつに,「次の目標は基本情報技術者試験でよいのでしょうか?」というものがある。

この質問に対し,私の回答は「IT技術者として仕事をするなら,**プログラミングスキルも身につけて基本情報技術者試験**を目指せばよい」,「もっとITに関連した知識を身につけて国家試験で証明したいのなら,**情報セキュリティマネジメント試験**を目指すという選択肢もある」という2通りになる。

どちらも情報処理技術者試験の**レベル2**に位置付けられている試験であるが,ITパスポート試験の対策を終えて「ストラテジ系よりテクノロジ系のほうが簡単だった」という人や「プログラミングは嫌いじゃない」という人は基本情報技術者試験を目指すのが適切だと思われる。逆に,「ストラテジ系やマネジメント系のほうがテクノロジ系より簡単だった」という人は,試験対策の難易度だけでいえば情報セキュリティマネジメント試験のほうが向いているかもしれない。

なお,ITパスポート試験の次に基本情報技術者試験,情報セキュリティマネジメント試験のどちらを選んでも(両方でも),その先にはレベル3として**応用情報技術者試験**が待っている。

ちなみに,情報工学科の学生には「ストラテジ系が難しい」という声が多く,社会人向けの資格対策講座の受講生には「テクノロジ系が頭に入らない」という声が目立つ傾向にある。

どちらにしても,勉強は一生続くものなので,本書を手にした皆さんは,ほかの国家試験の合格証書もイモヅル式に手に入れてほしい。

第 3 章

テクノロジ系

第3章では，テクノロジ系の分野を学習する。
テクノロジ（technology）の進歩は，今もすさまじい勢いで社会を変えている。近年のITパスポート試験でも，機械学習のひとつで深層学習とも呼ばれるディープラーニング，低消費電力で広域の無線通信であるLPWA，Bluetoothの拡張規格のBLEなど，新しいテーマの出題がある一方で，従来から変わらない基礎理論や関係データベースの知識，情報セキュリティの基本的な仕組みや考え方も重要になっている。ITに関する普遍的なテーマと最新の出題傾向を踏まえ，効率よく学習しよう。

でる度 ★★★

Q141

推論に関する次の記述中のa，bに入れる字句の適切な組合せはどれか。

[a]は，個々の事例を基にして，事例に共通する規則を得る方法であり，得られた規則は[b]。

	a	b
ア	演繹(えき)推論	成立しないことがある
イ	演繹推論	常に成立する
ウ	帰納推論	成立しないことがある
エ	帰納推論	常に成立する

サクッと正解

事例を基に規則を得るのは**帰納推論**であり，その規則が常に成立するとは限らない。

イモヅル式解説

演繹推論は，**普遍的な規則を前提**として個別の事例を当てはめ，論理的な結論を導き出す推論の方法である。**三段論法**とも呼ばれる。前提とした規則が正しければ，導かれる推論も正しいといえる。

例： 出版社は本を発行する→インプレスは出版社である
→［推論］インプレスは本を発行するだろう

帰納推論は，**個々の事例に共通する規則**や項目を探し，論理的な結論を導き出す推論の方法である。演繹推論とは異なり，挙げられた個々の事例が正しく，論理に矛盾や飛躍がなかったとしても，導かれた推論が絶対に正しいとは限らない。

例： ①イモヅル式にはITパスポートの対策書がある
②イモヅル式には基本情報技術者試験の対策書がある
③イモヅル式には応用情報技術者試験の対策書がある
→［推論］イモヅル式は情報処理技術者試験の対策書だろう

aは個々の事例から共通する規則を得る方法なので「帰納推論」が入り，**b**は「成立しないことがある」が入る（**ウ**）。

正解 **ウ**

でる度★★★

Q 142 **次のデータの平均値と中央値の組合せはどれか。**

[データ]
10, 20, 20, 20, 40, 50, 100, 440, 2000

	平均値	中央値
ア	20	40
イ	40	20
ウ	300	20
エ	300	40

サクッと正解

データの総和を個数で割った平均は**300**，9個のデータの真ん中にあるのは**40**。

イモヅル式解説

データの集まりにおいて，中心的な傾向を示す値を**代表値**と呼んでいる。代表値としては**平均値**を用いる場合が多いが，データの分布により**最頻値**や**中央値**を扱う場合もある。

平均値	データの総和をデータの個数で割った値。
中央値	データの値を昇順または降順で並べたとき，中央に位置する値。**メジアン（Median）**とも呼ばれる。データの個数が偶数のときは中央の2つの値の平均値。
最頻値	データの中で最も多く現れる値。**モード（Mode）**とも呼ばれる。

設問におけるデータの総和は「10＋20＋**20**＋**20**＋40＋50＋100＋**440**＋2000＝2700」であり，データの個数は**9個**であるので，平均値は「2700÷**9**＝**300**」である。

また，設問は9個のデータが昇順になっているので，中央値となるのは**5番目**のデータであり，「**40**」である。

正解 **エ**

でる度 ★★★

Q 143

パスワードの解読方法の一つとして，全ての文字の組合せを試みる総当たり攻撃がある。“A” から “Z” の26種類の文字を使用できるパスワードにおいて，文字数を4文字から6文字に増やすと，総当たり攻撃でパスワードを解読するための最大の試行回数は何倍になるか。

ア 2
イ 24
ウ 52
エ 676

サクッと正解

組合せの数＝文字の種類の数×文字数

イモヅル式解説

ブルートフォースアタックとも呼ばれる総当たり攻撃で，パスワードを解読するため，すべての組合せを考える。

この設問の場合，26種類の文字で1文字のときは26回である。26種類の文字で2文字のときは**26×26**回。同様に，3文字のときは**26×26×26**回，4文字のときは**26×26×26×26**回となる。

この設問の6文字のときは**26×26×26×26×26×26**回である。4文字から6文字に2文字増やしたとき，増加した分は**26×26＝676**回となる。

文字数	文字の種類の数	組合せ
1文字	26	26
2文字	**26×26**	**676**
3文字	26×26×26	17,576
4文字	26×26×26×26	456,976
5文字	26×26×26×26×26	11,881,376
6文字	26×26×26×26×26×26	308,915,776

正解 エ

でる度 ★★☆

Q 144

値の小さな数や大きな数を分かりやすく表現するために，接頭語が用いられる。例えば，10^{-3}と10^{3}を表すのに，それぞれ“m”と“k”が用いられる。10^{-9}と10^{9}を表すのに用いられる接頭語はどれか。

ア nとG　**イ** nとM　**ウ** pとG　**エ** pとM

サクッと正解

10^{-9}は**n（ナノ）**，10^{9}は**G（ギガ）**である。

イモヅル式解説

たとえば，長さの接頭語で1,000m（メートル）は1km（キロメートル），重さの接頭語で1,000kg（キログラム）は1t（トン）と表現できるように，接頭語には様々な種類がある。

情報の量を表現するときには，キロ，メガ，ギガ，テラなどの接頭語が用いられる。

下表で接頭語をまとめて覚えよう。

記号	読み	値
k	キロ	10^{3}
M	メガ	10^{6}
G	ギガ	10^{9}
T	テラ	10^{12}
P	ペタ	10^{15}

記号	読み	値
m	ミリ	10^{-3}
μ	マイクロ	10^{-6}
n	ナノ	10^{-9}
p	ピコ	10^{-12}
f	フェムト	10^{-15}

ビットとバイト

2進数の1桁を表す単位がビット（b）で，8ビットを1バイト（B）と呼ぶことも覚えておこう。また，2^{10}バイトの1,024バイトを1キロバイト（1KB）と呼んでいる。1メガバイト（1MB）は，2^{20}バイト（1,024バイト×1,024バイト＝1,048,576 バイト）である。これらは人間にはわかりにくいが，コンピュータには都合のよい表現である。

正解　ア

でる度★★★

Q 145 **IoT機器やスマートフォンなどに内蔵されているバッテリの容量の表記において，“100mAh”の意味として，適切なものはどれか。**

ア　100mAの電流を1時間放電できる。
イ　100分間の充電で，電流を1時間放電できる。
ウ　1Aの電流を100分間放電できる。
エ　1時間の充電で，電流を100分間放電できる。

サクッと正解

100**mAh**は，100mAの電流を1時間放電できるバッテリの容量。

イモヅル式解説

mAh（ミリ・アンペア・アワー）は，1時間でバッテリの容量をすべて放電した場合の**電流の量**を表す単位である。設問文にある100mAhは，1時間で100mA（ミリ・アンペア）の電流を放電できる（ア）容量という意味になる。

様々な単位をまとめて覚えよう。

bps〈=bits per second〉	1秒間に伝送できるビット数を表す伝送速度の単位。
fps〈=frames per second〉	1秒間当たりの動画などの画像（フレーム）数を表す単位。
lpm〈=lines per minute〉	1分間に印刷できる行数を表すラインプリンタの速度の単位。
rpm〈=revolutions per minute〉	1分間当たりのディスクの回転数を表す単位。
dpi〈=dots per inch〉	ディスプレイやプリンタなどの1インチ当たりのドット（ピクセル，画素）数を表す単位。

正解　ア

でる度 ★★★

Q146

8ビットの2進データXと00001111について，ビットごとの論理積をとった結果はどれか。ここでデータの左方を上位，右方を下位とする。

ア 下位4ビットが全て0になり，Xの上位4ビットがそのまま残る。
イ 下位4ビットが全て1になり，Xの上位4ビットがそのまま残る。
ウ 上位4ビットが全て0になり，Xの下位4ビットがそのまま残る。
エ 上位4ビットが全て1になり，Xの下位4ビットがそのまま残る。

サクッと正解

論理積の結果は，どちらかが0ならすべて0になる。

イモヅル式解説

設問の00001111では，上位4ビットが0なので，2進データXの値が何であれ，**上位4ビットは0**になる。また，下位4ビットは1なので，2進データXが**0なら0**，**1なら1**がそのまま残ることになる。

論理演算の結果をまとめて覚えよう。

●論理積（AND）

A	B	A AND B
1	1	1
0	1	0
1	0	0
0	0	0

●論理和（OR）

A	B	A OR B
1	1	1
0	1	1
1	0	1
0	0	0

●排他的論理和（XOR）

A	B	A OR B
1	1	0
0	1	1
1	0	1
0	0	0

●否定（NOT）

A	NOT A
1	0
0	1

正解 ウ

でる度 ★★★

Q147

次のベン図の網掛けした部分の検索条件はどれか。

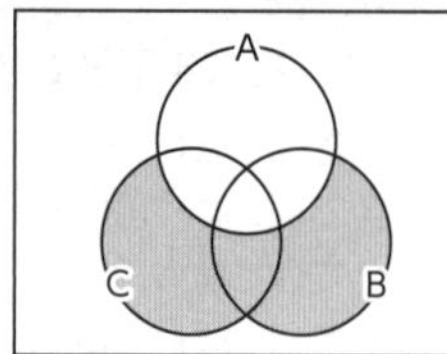

ア (not A) and (B and C)
イ (not A) and (B or C)
ウ (not A) or (B and C)
エ (not A) or (B or C)

サクッと正解

設問の図は「**Aではない，かつBまたはC**」である。

イモヅル式解説

設問のベン図を言葉で表すと，「**Aではない，かつBまたはC**」部分である。「または」は「**OR**」，「かつ」は「**AND**」，「～ではない」は「**NOT**」なので，「**(not A) and (B or C)**」（**イ**）になる。そのほかの選択肢が表す部分も確認しておこう。

(not A) and (B and C)（**ア**）

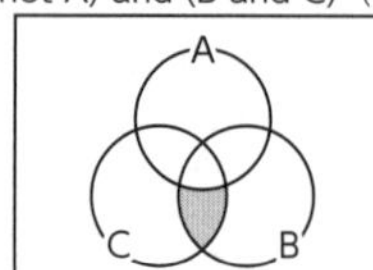

(not A) and (B or C)

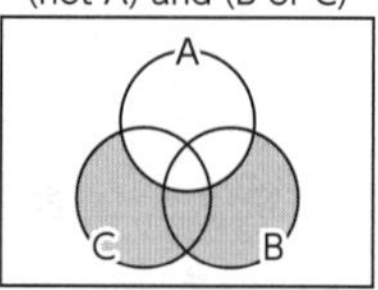

(not A) or (B and C)（**ウ**）

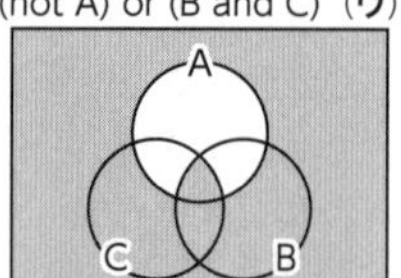

(not A) or (B or C)（**エ**）

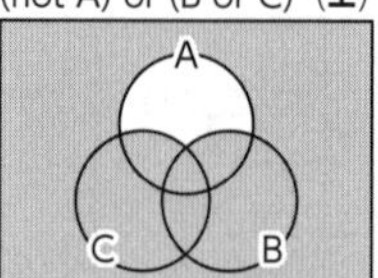

イモヅル復習問題 ➡Q146

正解 イ

基礎理論　　でる度★★☆

Q148

A3判の紙の長辺を半分に折ると，A4判の大きさになり，短辺：長辺の比率は変わらない。A3判の長辺はA4判の長辺のおよそ何倍か。

ア　1.41　　**イ**　1.5
ウ　1.73　　**エ**　2

サクッと正解

比率の計算では，左辺の左×右辺の右＝左辺の右×右辺の左（外項の積＝内項の積）が成り立つので，図を描いて計算式にしてみる。

イモヅル式解説

設問文に，A3判の紙の長辺を半分に折るとA4判の大きさになることと，短辺：長辺の比率が変わらないことが示されているので，用紙サイズの知識がなくても解くことができる。

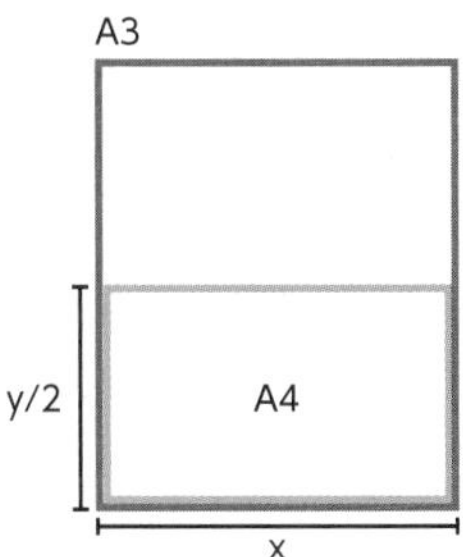

右図のように，A3判の短辺をx，長辺をyとすると，A4判の短辺はA3判の長辺の半分（y÷2）になる。つまり，A4判の短辺は**y/2**，長辺は**x**である。そして，**短辺：長辺**の比率は変わらないことから，下記の計算が成り立つ。

$x : y = y/2 : x$
$x^2 = y^2/2$
$x = y/\sqrt{2}$（両辺の**平方根**）
$\sqrt{2}x = y$（両辺を$\sqrt{2}$倍）

これをA3判の（短辺x，長辺y）に代入すると，（短辺**x**，長辺$\sqrt{2}$**x**）となる。A4判の（短辺y/2，長辺x）に代入すると，（短辺$\sqrt{2}x/2$，長辺x）となる。

したがって，A3判の長辺はA4判の長辺の$\sqrt{2}$倍（およそ**1.41**倍）であることがわかる。

正解　**ア**

でる度 ★★★

Q 149

下から上へ品物を積み上げて，上にある品物から順に取り出す装置がある。この装置に対する操作は，次の二つに限られる。

PUSH x：品物xを1個積み上げる。

POP：　一番上の品物を1個取り出す。

PUSH
POP

最初は何も積まれていない状態から開始して，a，b，cの順で三つの品物が到着する。一つの装置だけを使った場合，POP操作で取り出される品物の順番としてあり得ないものはどれか。

ア　a，b，c　イ　b，a，c　ウ　c，a，b　エ　c，b，a

サクッと正解

3つ積み上がってから，**aがbより先に取り出されることはない。**

イモヅル式解説

常にaはbより先に到着していることになる。一番上の品物を1個取り出すPOPの操作を考えれば，a，b，cが積み上がった状態から，aがbより先に取り出される（ウ）順番はあり得ないとわかる。そのほかの選択肢も確認しておこう（[　] 内は積み上げられた品物の順番）。

a，b，c（ア）	PUSH a：[a] →POP：[　] →PUSH b：[b] →POP：[　] →PUSH c：[c] →POP：[　]
b，a，c（イ）	PUSH a:[a] →PUSH b:[b，a] →POP:[a] →POP:[　] →PUSH c：[c] →POP：[　]
c，b，a（エ）	PUSH a：[a] →PUSH b：[b，a] →PUSH c：[c，b，a] →POP：[b，a] →POP：[a] →POP：[　]

ちょっと深掘り　スタックとキュー

設問のように，あとから入ったものが先に取り出される構造をスタック（Last In First Out；LIFO，後入れ先出し），先に入ったものが先に取り出される構造をキュー（First In First Out；FIFO，先入れ先出し）という。

正解　ウ

でる度★★★

Q 150

図1のように二つの正の整数A1，A2を入力すると，二つの数値B1，B2を出力するボックスがある。B1はA2と同じ値であり，B2はA1をA2で割った余りである。図2のように，このボックスを2個つないだ構成において，左側のボックスのA1として49，A2として11を入力したとき，右側のボックスから出力されるB2の値は幾らか。

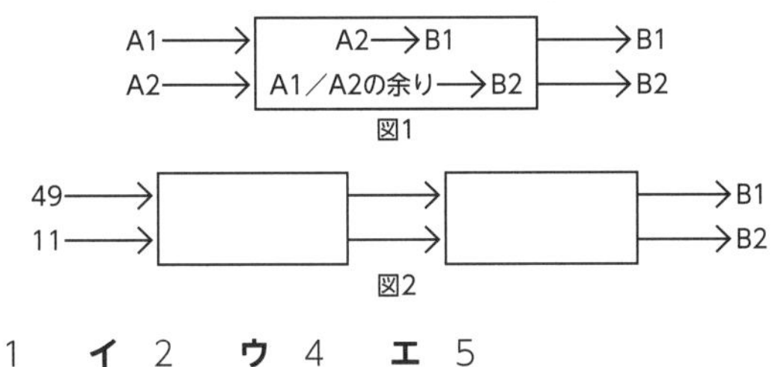

ア 1　**イ** 2　**ウ** 4　**エ** 5

サクッと正解

左のボックスからは**11と5（49÷11の余り）**，右のボックスからは**5と1（11÷5の余り）**が出力される。

イモヅル式解説

左のボックスには49と11が入力される。出力は，A2と同じ値の11と，49÷11の余りの5となる。

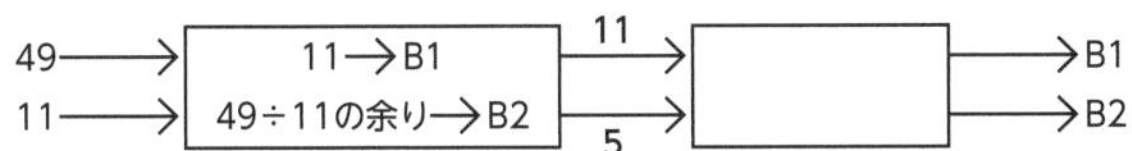

右のボックスには上記の11と5が入力される。出力は，B1からは5，B2からは11÷5の余りの1（ア）となる。

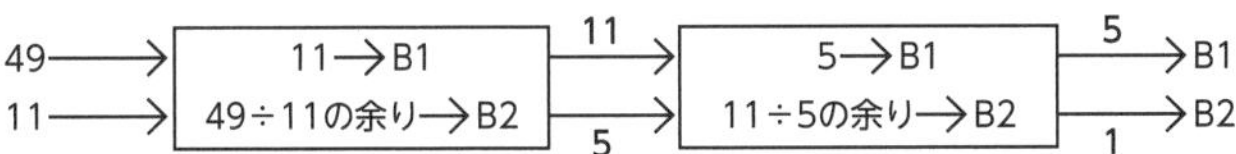

正解 ア

でる度★★★

Q 151

大文字の英字から成る文字列の暗号化を考える。暗号化の手順と例は次のとおりである。この手順で暗号化した結果が“EGE”であるとき，元の文字列はどれか。

暗号化の手順		例“FAX”の暗号化	
		処理前	処理後
1	表から英字を文字番号に変換する。	FAX	5，0，23
2	1文字目に1，2文字目に2，n文字目にnを加算する。	5，0，23	6，2，26
3	26で割った余りを新たな文字番号とする。	6，2，26	6，2，0
4	表から文字番号を英字に変換する。	6，2，0	GCA

英字	A	B	C	D	E	F	G	H	I	J	K	L	M
文字番号	0	1	2	3	4	5	6	7	8	9	10	11	12
英字	N	O	P	Q	R	S	T	U	V	W	X	Y	Z
文字番号	13	14	15	16	17	18	19	20	21	22	23	24	25

ア BED　**イ** DEB　**ウ** FIH　**エ** HIF

サクッと正解

EGE→［手順4］**4，6，4**→［手順3］**4，6，4**→［手順2］**3，4，1**
→［手順1］**DEB**

イモヅル式解説

暗号化の手順を逆にたどっていくと，英字Eは文字番号4，同様にGは6，Eは4である。文字番号は25までしかないので，26で割った余りを求める暗号化の手順3では変化しない。次に暗号化の手順2より，1文字目から1，2文字目から2，3文字目から3を引くと，**3，4，1**になる。文字番号3は**D**，同様に4は**E**，1は**B**なので，元の文字列は**DEB**（**イ**）とわかる。

正解　イ

でる度 ★★☆

Q 152 プログラムの処理手順を図式を用いて視覚的に表したものはどれか。

ア ガントチャート
イ データフローダイアグラム
ウ フローチャート
エ レーダチャート

サクッと正解

データの流れや問題解決の手順などを表す流れ図を**フローチャート**という。

イモヅル式解説

フローチャート（ウ）は，プログラムの処理手順などを視覚的に表現するための図法。処理（プロセス）の順序や問題解決の手順などを図で表現したものである。

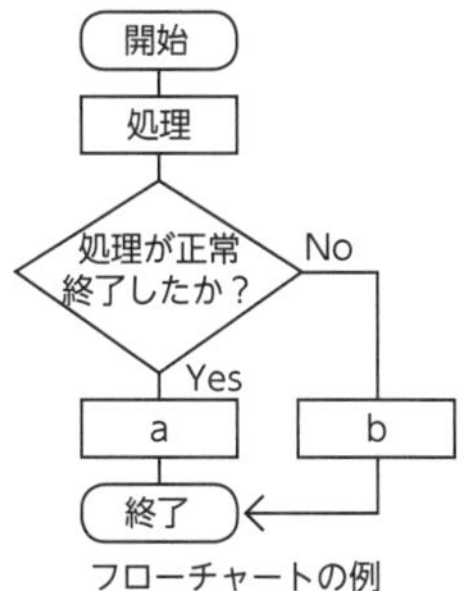

フローチャートの例

そのほかの選択肢もまとめて覚えよう。

ガントチャート（ア）	作業の日程などの工程を管理するための図。
データフローダイアグラム（DFD）（イ）〔➡Q118〕	システムにおけるデータの流れと処理（プロセス）を表した図。
レーダチャート（エ）	クモの巣のように数値軸上の値を線で結び，全体の傾向や項目のバランスを表すグラフ。

イモヅル復習問題 ➡Q118

正解 **ウ**

でる度 ★★★

Q 153

関数calcXと関数calcYは，引数inDataを用いて計算を行い，その結果を戻り値とする。関数calcXをcalcX(1)として呼び出すと，関数calcXの変数numの値が，1→3→7→13と変化し，戻り値は13となった。関数calcYをcalcY(1)として呼び出すと，関数calcYの変数numの値が，1→5→13→25と変化し，戻り値は25となった。プログラム中のa，bに入れる字句の適切な組合せはどれか。

〔プログラム1〕

```
○整数型：calcX(整数型：inData)
  整数型：num, i
  num ← inData
  for（iを1から3まで1ずつ増やす）
    num ← [  a  ]
  endfor
  return num
```

〔プログラム2〕

```
○整数型：calcY(整数型：inData)
  整数型：num, i
  num ← inData
  for（[  b  ]）
    num ← [  a  ]
  endfor
  return num
```

	a	b
ア	2×num+i	iを1から7まで3ずつ増やす
イ	2×num+i	iを2から6まで2ずつ増やす
ウ	num+2×i	iを1から7まで3ずつ増やす
エ	num+2×i	iを2から6まで2ずつ増やす

iに値を代入しながら計算し，プログラム1の選択肢を2つに絞って，プログラム2で正解を手繰り寄せる。

イモヅル式解説

プログラミングで使う**関数**とは，数字や文字が入力された場合に，あらかじめ決められた処理を行って結果を返す（**出力**する）ひとまとまりの処理のこと。出力された値を**戻り値**という。**引数**（ひきすう）とは，プログラムに渡す（**入力**する）値のことである。

設問の「整数型：inData」とは，整数を入れる箱であり，箱にinDataという名前が付いている，というイメージで考えよう。

〔プログラム1〕

a ：2×num＋i
（ア）（イ）

i	2×num+i	inData
1	2×1+1	3
2	2×3+2	8
3	2×8+3	19

a ：num＋2×i
（ウ）（エ）

i	num+2×i	inData
1	1+2×1	3
2	3+2×2	7
3	7+2×3	13

1→3→7→13と変化し，**a**は「num＋2×i」（ウ）（エ）とわかる。

〔プログラム2〕

b ：iを1から7まで3ずつ増やす（ウ）

i	num+2×i	inData
1	1+2×1	3
4	3+2×4	11
7	11+2×7	25

b ：iを2から6まで2ずつ増やす（エ）

i	num+2×i	inData
2	1+2×2	5
4	5+2×4	13
6	13+2×6	25

1→5→13→25と変化し，**b**は「iを2から6まで2ずつ増やす」とわかる。したがって，**エ**が正しいとわかる。

正解 **エ**

Q154

関数checkDigitは，10進９桁の整数の各桁の数字が上位の桁から順に格納された整数型の配列originalDigitを引数として，次の手順で計算したチェックデジットを戻り値とする。プログラム中のaに入れる字句として，適切なものはどれか。ここで，配列の要素番号は1から始まる。

〔手順〕

(1)配列originalDigitの要素番号1～9の要素の値を合計する。

(2) 合計した値が9より大きい場合は，合計した値を10進の整数で表現したときの各桁の数字を合計する。この操作を，合計した値が9以下になるまで繰り返す。

(3) (2) で得られた値をチェックデジットとする。

〔プログラム〕

```
○整数型：checkDigit(整数型の配列：originalDigit)
  整数型：i, j, k
  j ← 0
  for (iを1からoriginalDigitの要素数まで1ずつ増やす)
    j ← j+originalDigit[i]
  endfor
  while (jが9より大きい)
    k ← j÷10の商 /* 10進数9桁の数の場合，jが2桁を超えることはない */
    [ a ]
  endwhile
  return j
```

ア　j ← j−10×k

イ　j ← k+(j−10×k)

ウ　j ← k+(j−10)×k

エ　j ← k+j

サクッと正解

2桁の数字を代入して各桁の数字を合計した結果になるのは**イ**だけ。これに気づけば，正解を手繰り寄せることができる。

イモヅル式解説

設問の関数checkDigitは，**9つの整数の並び**である配列originalDigitを引数（ひきすう）として，〔手順〕の計算を実行する。9つの要素番号は0からではなく，1から始まることに注意しよう。〔プログラム〕の「整数型」〔➡Q153〕は，整数を入れる箱のイメージで考える。

1行目　checkDigit(整数型の配列：originalDigit)
整数を入れる箱を用意し，originalDigitという名前を付ける。

2行目　整数型：i，j，k
整数を入れるi，j，kという3つの箱を用意する。

3行目　j ← 0
jの箱に0を入れる。

4行目　for（iを1からoriginalDigitの要素数まで1ずつ増やす）
iは要素番号で，何番目の要素かを表す（要素の数は９つ）。

5行目　j ← j＋originalDigit[i]
jの箱に要素番号1にある数字を入れる。そのあと要素番号を1ずつ増やし，**箱の中の数字を足していく**。これを要素の数（9つ）だけ繰り返す。これが〔手順〕（1）の処理となる。

7行目　while（jが9より大きい）
j の箱の数字が**9より大きい**ときは以下の処理を行う。

8行目　k ← j÷10の商
j の箱の数字の**十の位**をkの箱に入れる。

10行目　［ a ］
kの箱の数字の**十の位**と，jの箱の数字の**一の位を足し**，jの数字を上書きする。これが〔手順〕（2）の処理となる。
jの箱の数字の一の位を求めるには，**jから十の位の数（10×k）を引けばよい**。
これを計算式で表すと，j ← k＋(j－10×k)（**イ**）になる。

11行目　endwhile
7行目からの処理を終了する。

12行目　return j
jを〔プログラム〕の計算結果である戻り値とする。
これが〔手順〕（3）の処理となる。

正解　**イ**

でる度★★☆

Q 155

流れ図Xで示す処理では，変数iの値が，1→3→7→13と変化し，流れ図Yで示す処理では，変数iの値が，1→5→13→25と変化した。図中のa，bに入れる字句の適切な組合せはどれか。

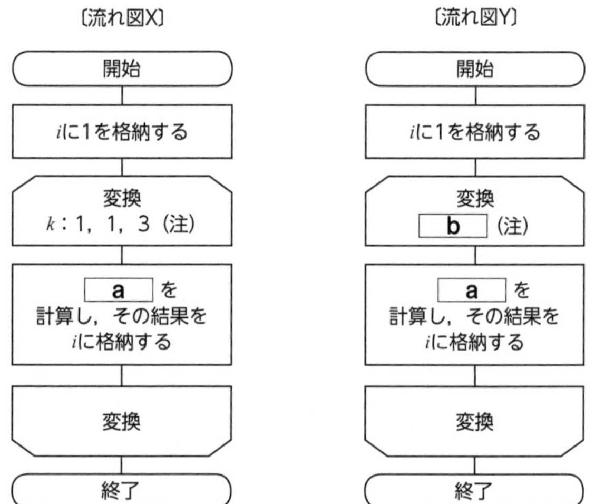

（注）ループ端の繰返し指定は，変数名：初期値，増分，終値を示す。

	a	b
ア	$2i+k$	k：1，3，7
イ	$2i+k$	k：2，2，6
ウ	$i+2k$	k：1，3，7
エ	$i+2k$	k：2，2，6

サクッと正解

設問文にある変数iの値の変化と矛盾する選択肢を除いて正解を手繰り寄せよう。

イモヅル式解説

[a]に入る選択肢は，$2i+k$（ア）（イ），または$i+2k$（ウ）（エ）の2択である。流れ図Xの1回目のループで，変数iに入る値は1なので，代入すると以下の計算になる。

〔流れ図X〕

1回目のループ

選択肢	計算式	新しいiの値
$2i+k$（ア）（イ）	2×1+1	3
$i+2k$（ウ）（エ）	1+2×1	3

2回目のループ

選択肢	計算式	新しいiの値
$2i+k$（ア）（イ）	2×3+2	8
$i+2k$（ウ）（エ）	3+2×2	7

ここで，設問文の「流れ図Xで示す処理では，変数iの値が，1→3→7→13と変化」と，$2i+k$（ア）（イ）は矛盾するので，正解になり得るのは$i+2k$の**ウ**または**エ**とわかる。

次に，流れ図Yの[b]を検討する。

〔流れ図Y〕

1回目のループ

aの計算式	選択肢	計算式	新しいiの値
$i+2k$	k：1，3，7（ウ）	1+2×1	3
$i+2k$	k：2，2，6（エ）	1+2×2	5

ここで，設問文の「流れ図Yで示す処理では，変数iの値が，1→5→13→25と変化」と，新しいiの値が3になるk：1，3，7（ウ）は矛盾するので，[b]は**エ**の「k：2，2，6」が入るとわかる。

したがって，[a]と[b]を正しく満たすのは**エ**だけとなる。

正解 **エ**

3 テクノロジ系

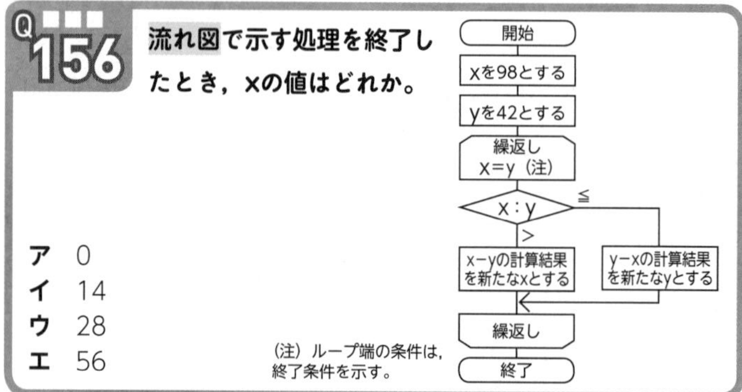

Q156

流れ図で示す処理を終了したとき，xの値はどれか。

ア　0
イ　14
ウ　28
エ　56

（注）ループ端の条件は，終了条件を示す。

サクッと正解

流れ図（フローチャート）をたどって計算結果を確認する。

イモヅル式解説

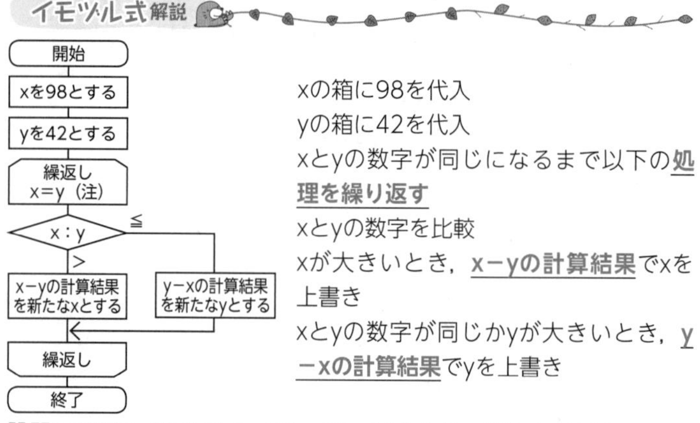

xの箱に98を代入
yの箱に42を代入
xとyの数字が同じになるまで以下の**処理を繰り返す**
xとyの数字を比較
xが大きいとき，**x−yの計算結果**でxを上書き
xとyの数字が同じかyが大きいとき，**y−xの計算結果**でyを上書き

設問では98＞42なので，**98−42**＝56となり，新たなxは56。
繰り返すと**56−42**＝14となり，新たなxは14。
xが14，yが42で，x≦yとなり，**42−14**＝28で，新たなyは28。
繰り返すと**28−14**＝14となり，x=yになったので繰返し処理を終了。
したがって，処理を終了したときのxの値は14である。

正解　イ

でる度★★★

Q157 **プロセッサに関する次の記述中のa，bに入れる字句の適切な組合せはどれか。**

[a]は[b]処理用に開発されたプロセッサである。CPUに内蔵されている場合も多いが，より高度な[b]処理を行う場合には，高性能な[a]を搭載した拡張ボードを用いることもある。

	a	b
ア	GPU	暗号化
イ	GPU	画像
ウ	VGA	暗号化
エ	VGA	画像

サクッと正解

GPUとは，画像処理に特化したプロセッサのこと。

イモヅル式解説

GPU〈=Graphics Processing Unit〉は，3次元グラフィックスの画像処理などをCPU〈=Central Processing Unit〉〔➡Q158〕に代わって高速で実行する演算装置である。

GPUのイメージ

VGA〈=Video Graphics Array〉は，表示回路の規格のひとつで，640×480ピクセルの画面解像度を指す。

暗号化とは，通信の際に盗聴による情報漏えいや改ざんなどを防ぐための技術のこと。暗号化されたものを元に戻すことを復号と呼ぶ。

正解 イ

画像提供：sdecoret/Shutterstock.com

でる度★★★

Q158

PCの製品カタログに表のような項目の記載がある。これらの項目に関する記述のうち，適切なものはどれか。

CPU	
	動作周波数
	コア数／スレッド数
	キャッシュメモリ

ア　動作周波数は，1秒間に発生する，演算処理のタイミングを合わせる信号の数を示し，CPU内部の処理速度は動作周波数に反比例する。

イ　コア数は，CPU内に組み込まれた演算処理を担う中核部分の数を示し，デュアルコアCPUやクアッドコアCPUなどがある。

ウ　スレッド数は，アプリケーション内のスレッド処理を同時に実行することができる数を示し，小さいほど高速な処理が可能である。

エ　キャッシュメモリは，CPU内部に設けられた高速に読み書きできる記憶装置であり，一次キャッシュよりも二次キャッシュの方がCPUコアに近い。

サクッと正解

コア数とは，CPU内の演算処理を担う中核部分の数のこと。

イモヅル式解説

CPUのコアは，デュアルコアCPU（コアが2つ）やクアッドコアCPU（コアが4つ）などがある（**イ**）。

- 動作周波数は，1秒間に何回のクロックが発振されるかを表す数値である。ほかの条件が同じなら，CPU内部の処理速度は動作周波数に比例する（**ア**）といえる。
- スレッドの数は，処理を細分化して並列処理を行うことで速度を向上させる仕組みにおける，並行処理の数である。ほかの条件が同じなら，スレッド数が大きいほど高速な処理が可能（**ウ**）といえる。
- キャッシュメモリ〔➡Q159〕は，CPUコアに近いほうから，一次キャッシュ，二次キャッシュと呼ばれる（**エ**）。一次キャッシュより二次キャッシュのほうが容量が大きい。

正解　**イ**

でる度★★★

Q159

コンピュータの記憶階層におけるキャッシュメモリ，主記憶及び補助記憶と，それぞれに用いられる記憶装置の組合せとして，適切なものはどれか。

	キャッシュメモリ	主記憶	補助記憶
ア	DRAM	HDD	DVD
イ	DRAM	SSD	SRAM
ウ	SRAM	DRAM	SSD
エ	SRAM	HDD	DRAM

サクッと正解

高速なキャッシュメモリには**SRAM**，主記憶には**DRAM**が用いられる。

イモヅル式解説

試験に出る記憶装置の種類をまとめて覚えよう。

キャッシュメモリ	CPU〔➡**Q158**〕の計算速度と主記憶（メインメモリ）の速度差を埋めるために搭載される高速な記憶装置。**SRAM**〈=**Static RAM**〉が用いられる。
主記憶	CPUが処理・実行するプログラムやデータを記憶しておく記憶装置。**DRAM**〈=**Dynamic RAM**〉が用いられる。
補助記憶	主記憶のほかにデータやプログラムを保存しておく大容量の記憶装置。磁気を使ったHDD〈=Hard Disk Drive；ハードディスクドライブ〉，半導体メモリを使った**SSD**〈=**Solid State Drive**〉，USBメモリなどが用いられる。

ちょっと深掘り SRAMとDRAMの違い

SRAMはアクセス速度が速いので，キャッシュメモリなどに使われる。一方，DRAMは定期的に再書込みを行う必要があり，主に主記憶に使われる。リフレッシュと呼ばれる動作が必要である。

イモヅル復習問題 ➡Q158

正解 ウ

でる度★★☆

Q160

NFCに準拠した無線通信方式を利用したものはどれか。

ア　ETC車載器との無線通信
イ　エアコンのリモートコントロール
ウ　カーナビの位置計測
エ　交通系のIC乗車券による改札

サクッと正解

交通系のIC乗車券による改札は，RFIDの技術を用いた**NFC**規格を利用している。

イモヅル式解説

NFC〈=Near Field Communication〉は，10cm程度の近距離での通信を行うものであり，**RFID**〈=Radio Frequency Identification〉〔➡Q064〕の無線通信による個体識別技術のひとつである。ICカードやICタグのデータの読み書きに利用されている近距離無線通信の規格で，交通系のIC乗車券による改札（エ）などで利用されている。

そのほかの選択肢の内容も確認しておこう。

- **ETC**〈=Electronic Toll Collection System〉は，料金所に設置されたアンテナと**ETC車載器**で無線通信（ア）を行うことで，有料道路の料金所を止まらずに通過できる自動料金収受システムである。
- エアコンやテレビなどの家電製品のリモコン（イ）は，NFCではなく，**赤外線**を利用している。
- カーナビの位置計測（ウ）は，受信地の位置情報や属性情報などを表示する**GPS**〈=Global Positioning System〉の仕組みを用いている。

ちょっと深掘り　RFIDとIrDA

RFID〈=Radio Frequency Identification〉とは，ID情報を埋め込んだRFタグを用いた近距離無線通信によって情報を交換する技術の総称。また，IrDA〈=Infrared Data Association〉は，赤外線を利用して通信を行う仕組みであり，携帯電話のデータ交換などに利用されている。

正解　エ

でる度★★★

Q161 **システムや機器の信頼性に関する記述のうち，適切なものはどれか。**

ア　機器などに故障が発生した際に，被害を最小限にとどめるように，システムを安全な状態に制御することをフールプルーフという。

イ　高品質・高信頼性の部品や素子を使用することで，機器などの故障が発生する確率を下げていくことをフェールセーフという。

ウ　故障などでシステムに障害が発生した際に，システムの処理を続行できるようにすることをフォールトトレランスという。

エ　人間がシステムの操作を誤らないように，又は，誤っても故障や障害が発生しないように設計段階で対策しておくことをフェールソフトという。

サクッと正解

フォールトトレランスとは，故障しても処理を続行できるようにすること。

イモヅル式解説

フォールトトレランスは，システムを構成する重要部品を多重化しておくなど，システムに障害が発生した際でも，システムの処理を続行できるように対策を施しておくこと（**ウ**）である。

フェールセーフ	機器などに故障が発生した際に，被害を最小限にとどめるように，システムを安全な状態に制御する技術。
フェールソフト	システムに障害が発生した際に，多少の性能の低下を許容し，システム全体の稼働を継続するための機能を維持させようとする技術。
フォールトアボイダンス	高品質で信頼性の高い素材や部品を使用することで，故障が発生する確率を下げようとする方針。
フールプルーフ	人間が誤操作をしにくいようにしたり，操作を誤っても故障や障害などの被害が発生しないようにしたりする設計方法。

正解　**ウ**

Q162 サーバ仮想化の特長として，適切なものはどれか。

ア　1台のコンピュータを複数台のサーバであるかのように動作させることができるので，物理的資源を需要に応じて柔軟に配分することができる。

イ　コンピュータの機能をもったブレードを必要な数だけ筐体に差し込んでサーバを構成するので，柔軟に台数を増減することができる。

ウ　サーバを構成するコンピュータを他のサーバと接続せずに利用するので，セキュリティを向上させることができる。

エ　サーバを構成する複数のコンピュータが同じ処理を実行して処理結果を照合するので，信頼性を向上させることができる。

サクッと正解

サーバ仮想化とは，1台のサーバを複数台のように動作させる技術。

イモヅル式解説

サーバ仮想化は，ハードウェアであるサーバ1台で，サーバ用OSを複数動作させる技術の総称である。物理的資源であるハードウェアを需要に応じて柔軟に配分できる（**ア**）というメリットがある。

そのほかの選択肢の内容も確認しておこう。

- コンピュータの機能をもった**ブレード**〔➡Q171〕を必要な数だけ筐体に差し込んでサーバを構成するので，柔軟に台数を増減できる（**イ**）のは，ブレード型サーバの特長である。
- サーバを構成するコンピュータを，ほかのサーバと接続せずに利用する形態は**スタンドアロン**と呼ばれ，セキュリティを向上させることができる（**ウ**）。
- サーバを構成する複数のコンピュータが同じ処理を実行して処理結果を照合するので，信頼性を向上させることができる（**エ**）のは，**デュアルシステム**〔➡Q163〕の特長である。

正解　**ア**

でる度 ★★★

Q 163

2系統の装置から成るシステム構成方式a～cに関して，片方の系に故障が発生したときのサービス停止時間が短い順に左から並べたものはどれか。

a　デュアルシステム

b　デュプレックスシステム（コールドスタンバイ方式）

c　デュプレックスシステム（ホットスタンバイ方式）

ア　aの片系装置故障，cの現用系装置故障，bの現用系装置故障
イ　bの現用系装置故障，aの片系装置故障，cの現用系装置故障
ウ　cの現用系装置故障，aの片系装置故障，bの現用系装置故障
エ　cの現用系装置故障，bの現用系装置故障，aの片系装置故障

サクッと正解

サービス停止時間は，**デュアルシステム＜ホットスタンバイ＜コールドスタンバイ**。

イモヅル式解説

デュアルシステム（a）は，機器を複数台同時に稼働させ，常に同じ処理を行わせて結果を**照合**することで，高い信頼性が得られる方式である。1台が故障しても，故障していない機器が処理を続けるので，サービスは停止しない。

デュプレックスシステムは，現用系と待機系を用意し，現用系に障害が発生した場合は待機系に切り替えて処理を継続するシステムである。デュプレックスシステムのうち，**コールドスタンバイ**方式（b）は，予備機を準備しておき，障害発生時に運用担当者が予備機を立ち上げて本番機から予備機へ切り替える方式。一方，**ホットスタンバイ**方式（c）は，予備機をいつでも動作可能な状態で待機させておき，障害発生時に直ちに切り替える方式である。予備機が動作可能な状態で待機してあるので，障害が発生してから予備機を立ち上げるコールドスタンバイ方式よりも，サービス停止時間が**短く**なる。

イモヅル復習問題 ➡Q162

正解　**ア**

　でる度★★★

Q164 サーバの仮想化技術において，あるハードウェアで稼働している仮想化されたサーバを停止することなく別のハードウェアに移動させ，移動前の状態から引き続きサーバの処理を継続させる技術を何と呼ぶか。

ア　ストリーミング　　イ　ディジタルサイネージ
ウ　プラグアンドプレイ　　エ　ライブマイグレーション

サクッと正解

仮想化されたサーバを停止することなく移動させる技術は，**ライブマイグレーション**である。

イモヅル式解説

ライブマイグレーション（エ）は，仮想化されたサーバで稼働しているOSやソフトウェアなどを停止することなく，別の物理サーバへ移し替える技術である。**マイグレーション**は「移転」「移動」などの意味。ソフトウェアの動作を中断することなく，ハードウェアのメンテナンスや構成変更などを行うことができる。

そのほかの選択肢もまとめて覚えよう。

ストリーミング（ア）	インターネット上で動画や音楽などのコンテンツをダウンロードしながら，逐次再生する技術。
ディジタルサイネージ（イ）〔➡Q081〕	ディスプレイに文字や映像などの情報を表示する電子看板。
プラグアンドプレイ（ウ）	PCに周辺機器を接続すると，デバイスドライバの組込みや設定などを自動的に行う機能。

ちょっと深掘り　仮想化

1台のコンピュータを論理的に分割し，それぞれで独立したOSとアプリケーションソフトを実行させ，あたかも複数のコンピュータが同時に稼働しているかのように見せる技術の総称。複数の資源を統合して1つの資源として利用したり，1つの資源を複数の資源として利用したりすることが可能になる。

イモヅル復習問題 ➡Q081　　正解　エ

でる度★★★

Q 165 複数のハードディスクを論理的に一つのものとして取り扱うための方式①〜③のうち，構成するハードディスクが1台故障してもデータ復旧が可能なものだけを全て挙げたものはどれか。

①RAID5

②ストライピング

③ミラーリング

ア ①，②

イ ①，②，③

ウ ①，③

エ ②，③

サクッと正解

ミラーリングは安全性のため，**ストライピング**は速さのための仕組みである。

イモヅル式解説

RAID5（①）は，データと，復旧用の誤り訂正符号であるパリティを各ディスクに分散して書き込む方式。

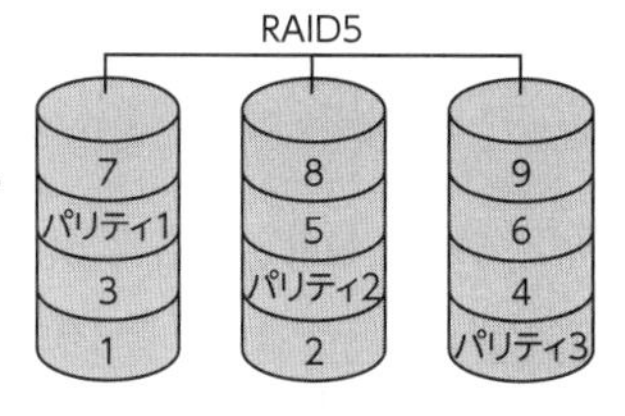

ストライピング（②）は，複数のディスクに分散してデータを書き込み，読み書きの速度を向上させる方式である。RAID0とも呼ばれる。データの復旧はできない。

ミラーリング（③）は，同じデータを2台以上のディスクに書き込み，信頼性と安全性を向上させる方式である。RAID1とも呼ばれる。

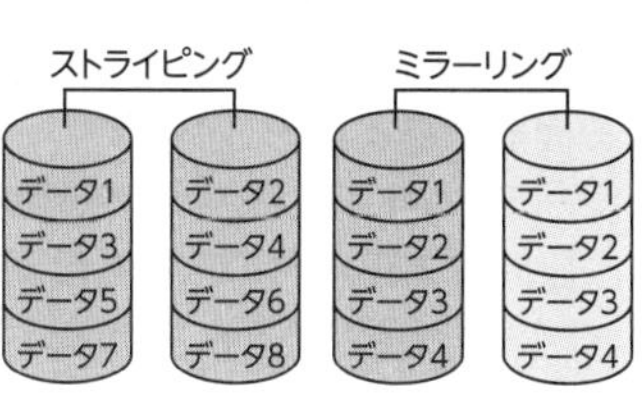

正解 ウ

でる度★★★

Q 166 水田の水位を計測することによって，水田の水門を自動的に開閉するIoTシステムがある。図中のa，bに入れる字句の適切な組合せはどれか。

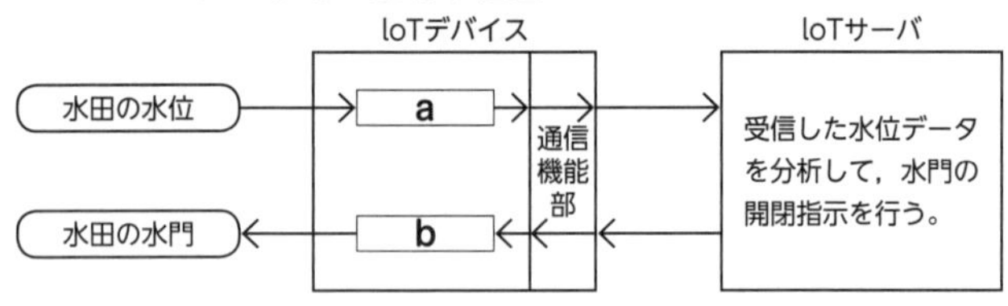

	a	b
ア	アクチュエータ	IoTゲートウェイ
イ	アクチュエータ	センサ
ウ	センサ	IoTゲートウェイ
エ	センサ	アクチュエータ

サクッと正解

水位の情報を計測するのは**センサ**，コンピュータの指示を水門の開閉という物理的な運動に変換するのは**アクチュエータ**である。

イモヅル式解説

アクチュエータとは，コンピュータが出力した電気信号を物理的な運動に変換するための機器のこと。また**センサ**は，環境の変化などの情報を検出し，コンピュータが取り扱うことのできる信号に置き換える機器である。そして**IoTゲートウェイ**は，センサとIoTサーバ間のデータのやり取りを中継する機器である。

設問にある水門の水位を計測するのはセンサであり，IoTの指示で水門の開閉を物理的に行う機器はアクチュエータである。IoTゲートウェイは，設問の図ではIoTデバイスの通信機能部に属する。

正解 エ

でる度★★★

Q 167 販売管理システムに関する記述のうち，TCOに含まれる費用だけを全て挙げたものはどれか。

①販売管理システムで扱う商品の仕入高

②販売管理システムで扱う商品の配送費

③販売管理システムのソフトウェア保守費

④販売管理システムのハードウェア保守費

ア　①，②
イ　①，④
ウ　②，③
エ　③，④

サクッと正解

TCOとは，初期費用と運用費・管理費のこと。仕入や配送の費用はTCOに含まれない。

イモヅル式解説

TCO〈=Total Cost of Ownership〉は，システム導入時に発生する初期費用と，導入後に発生する運用費・管理費の総額である。

このうち，システム導入時に発生する初期費用をイニシャルコスト，システム導入後に発生する運用費や管理費をランニングコストと呼んでいる。

この設問の①～④の費用を検討する。

販売管理システムで扱う商品の仕入高（①）や配送費（②）は，システムの費用ではなく販売業務そのものにかかる費用なので，TCOには含まれない。一方，ソフトウェアやハードウェアの運用にかかる保守費（③④）は，ランニングコストであり，TCOに含まれる。

正解　エ

でる度★★★

Q168

装置のライフサイクルを故障の面から見てみると，時間経過によって初期故障期，偶発故障期及び摩耗故障期に分けられる。最初の初期故障期では，故障率は時間の経過とともに低下する。やがて安定した状態になり，次の偶発故障期では，故障率は時間の経過に関係なくほぼ一定になる。最後の摩耗故障期では，故障率は時間の経過とともに増加し，最終的に寿命が尽きる。このような故障率と時間経過の関係を表したものを何というか。

ア　ガントチャート　　**イ**　信頼度成長曲線
ウ　バスタブ曲線　　**エ**　レーダチャート

サクッと正解

時間の経過と故障率の変化を表現したグラフは，**バスタブ曲線**。

イモヅル式解説

バスタブ曲線（ウ）は，機器や装置などの時間経過に伴う故障率の変化を表示したグラフである。

そのほかの選択肢もまとめて覚えよう。

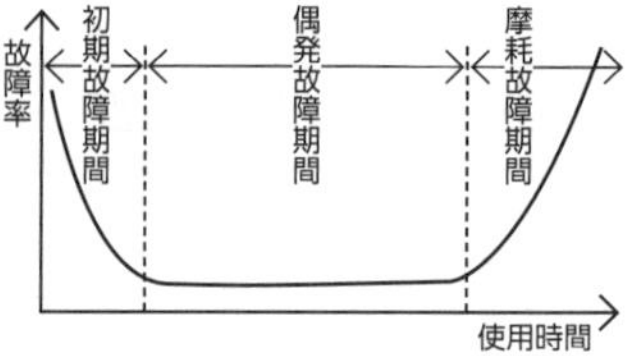

信頼度成長曲線（イ）	テストを繰り返して発見したシステムのバグの累積数で，テストの進捗を判断するグラフ。ゴンペルツ曲線とも呼ばれる。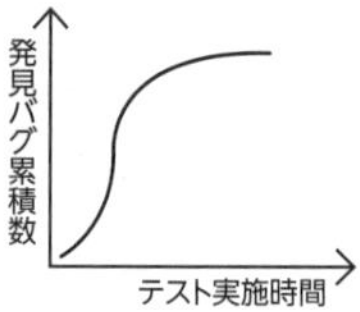
ガントチャート（ア）〔➡Q152〕	作業の日程などの工程を管理するための図。
レーダチャート（エ）〔➡Q152〕	クモの巣のように数値軸上の値を線で結び，全体の傾向や項目のバランスを表すグラフ。

正解　ウ

ハードウェア

でる度 ★★☆

Q 169 **アクティビティトラッカの説明として，適切なものはどれか。**

ア　PCやタブレットなどのハードウェアのROMに組み込まれたソフトウェア

イ　一定期間は無料で使用できるが，継続して使用する場合は，著作権者が金品などの対価を求めるソフトウェアの配布形態の一つ，又はそのソフトウェア

ウ　ソーシャルメディアで提供される，友人や知人の活動状況や更新履歴を配信する機能

エ　歩数や運動時間，睡眠時間などを，搭載された各種センサによって計測するウェアラブル機器

サクッと正解

アクティビティトラッカとは，身につけて運動時間や睡眠時間などを計測・記録する機器のこと。

イモヅル式解説

アクティビティトラッカは，歩いた歩数などの活動量や睡眠時間，消費したカロリーなどを計測する機器（**エ**）である。腕時計やリストバンドのように腕に巻いておくものや腰に付けておくものなどがある。

そのほかの選択肢で説明されている用語もまとめて覚えよう。

ファームウェア	PCやタブレットなどのハードウェアのROMに組み込まれたソフトウェア（**ア**）。
シェアウェア	一定期間は無料で使用できるが，継続して使用する場合は，著作権者が金品などの対価を求めるソフトウェアの配布形態のひとつ，またはそのソフトウェア（**イ**）。
アクティビティフィード	ソーシャルメディアで提供される，友人や知人の活動状況や更新履歴を配信する機能（**ウ**）。

正解 **エ**

でる度★★★

Q170 3Dプリンタの特徴として，適切なものはどれか。

ア 3D効果がある画像を，平面に印刷する。
イ 3次元データを用いて，立体物を造形する。
ウ 立体物の曲面などに，画像を印刷する。
エ レーザによって，空間に立体画像を表示する。

サクッと正解

3Dプリンタとは，3次元データを用いて立体物を造形する出力装置のこと。

イモヅル式解説

3Dプリンタは，熱溶解積層方式などにより，3次元データを用いて，3次元（3D）の立体物を造形する（**イ**）装置である。

プリンタの種類をまとめて覚えよう。

インパクトプリンタ	細かいピンなどをインクリボンで紙に打ち付ける方式。カーボン紙による複写が必要な場合に用いられる。
インクジェットプリンタ	液体のインクを細いノズルの先から噴射することで印刷する方式。
レーザプリンタ	感光ドラム上に印刷イメージを作り，トナー（粉末インク）を付着させて紙に転写・定着させる方式。
感熱式プリンタ	高温の印字ヘッドのピンを感熱紙に押し付けることにより印刷を行う方式。

ちょっと深掘り 3Dスキャナとプロジェクションマッピング

3Dスキャナは，立体物の形状を感知し，3Dデータとして取り込む機器である。プロジェクションマッピング〔➡Q189〕とは，コンピュータグラフィックスを，建物や家具などの凹凸のある立体物に投影する技術のこと。

正解 **イ**

でる度★★★

Q 171

ブレードサーバに関する説明として，適切なものはどれか。

ア　CPUやメモリを搭載したボード型のコンピュータを，専用の筐体（きょう）に複数収納して使う。

イ　オフィスソフトやメールソフトなどをインターネット上のWebサービスとして利用できるようにする。

ウ　家電や車などの機器に組み込んで使う。

エ　タッチパネル付きの液晶ディスプレイによる手書き入力機能をもつ。

サクッと正解

ブレードとは，筐体に複数収納して使う薄型のコンピュータのこと。

イモヅル式解説

ブレードサーバは，**ブレード**と呼ばれる薄型のコンピュータを1つの筐体（ケース）に複数収納したボード型のコンピュータの総称である（**ア**）。個々のブレードは電源装置などを備えておらず，筐体側に用意されている。スペースを取らず，周辺機器から独立しているので，増設が容易で**メンテナンス性**が高いなどのメリットがある。

ブレードサーバのイメージ

そのほかの選択肢の内容も確認しておこう。

- オフィスソフトやメールソフトなどをインターネット上のWebサービスとして利用できるようにする（**イ**）のは，**SaaS**や**ASP**〔➡Q058〕である。
- 家電や車などの機器に組み込んで使う（**ウ**）のは，**エンベデッド（組込み）システム**である。
- タッチパネル付きの液晶ディスプレイによる手書き入力機能をもつ（**エ**）のは，スマートフォンやタブレットなどである。

正解　**ア**

画像提供：Mikhail Starodubov/Shutterstock

でる度 ★★☆

Q172

PCなどの仕様の表記として，SXGAやQVGAなどが用いられるものはどれか。

ア CPUのクロック周波数
イ HDDのディスクの直径
ウ ディスプレイの解像度
エ メモリの容量

サクッと正解

SXGA，QVGA，VGAなどは，ディスプレイの解像度の仕様である。

イモヅル式解説

SXGAや**QVGA**は，ディスプレイの解像度（**ウ**）とアスペクト比（縦横比）を表す名称である。ディスプレイの解像度を表す仕様には，下表のようなものがある。

	横	縦	アスペクト比
VGA〔➡**Q157**〕	640	480	4：3
SVGA	800	600	4：3
XGA	1,024	768	4：3
QVGA	1,280	960	4：3
SXGA	1,366	1,024	5：4
4K	3,840	2,160	16：9
8K	7,680	4,320	16：9

そのほかの選択肢の内容も確認しておこう。

- CPU〔➡**Q158**〕のクロック周波数（**ア**）は，**ヘルツ（Hz）**である。
- HDDのディスクの直径（**イ**）は，**インチ**である。
- メモリの容量（**エ**）は，**バイト**である。

イモヅル復習問題 ➡ **Q158**

正解 **ウ**

でる度★★★

Q 173

停電や落雷などによる電源の電圧の異常を感知したときに，それをコンピュータに知らせると同時に電力の供給を一定期間継続して，システムを安全に終了させたい。このとき，コンピュータと電源との間に設置する機器として，適切なものはどれか。

ア DMZ
イ GPU
ウ UPS
エ VPN

サクッと正解

停電時などに電力を一時的に供給し，システムの安全性を確保するための機器を**UPS**という。

イモヅル式解説

UPS〈=Uninterruptible Power Supply〉（**ウ**）は，コンピュータに対して，停電時に電力を一時的に供給したり，瞬間的な電圧低下の影響を防いだりするために利用する「無停電電源装置」である。

そのほかの選択肢もまとめて覚えよう。

DMZ〈=DeMilitarized Zone〉（**ア**）	企業内ネットワークからも外部ネットワークからも論理的に隔離されたネットワーク領域。そこに設置されたサーバが外部から不正アクセスを受けたとしても，企業内ネットワークには被害が及ばないようにする。
GPU〈=Graphics Processing Unit〉（**イ**）〔➡**Q157**〕	3次元グラフィックスの画像処理などをCPUに代わって高速に実行する演算装置。
VPN〈=Virtual Private Network〉（**エ**）	公衆ネットワークなどを利用して構築された，専用ネットワークのように使える仮想的なネットワーク。

正解 **ウ**

でる度★★★

Q174 マルチスレッドの説明として，適切なものはどれか。

ア CPUに複数のコア（演算回路）を搭載していること
イ ハードディスクなどの外部記憶装置を利用して，主記憶よりも大きな容量の記憶空間を実現すること
ウ 一つのアプリケーションプログラムを複数の処理単位に分けて，それらを並列に処理すること
エ 一つのデータを分割して，複数のハードディスクに並列に書き込むこと

サクッと正解

マルチスレッドは，1つの処理を分割し，それらを並行に処理する技術である。

イモヅル式解説

マルチスレッドは，1つのアプリケーションプログラムを複数の処理単位（スレッド）〔➡Q158〕に細分化することで処理を並行して効率よく進めようとする技術（**ウ**）である。

そのほかの選択肢の内容も確認しておこう。

- CPU〔➡Q158〕に複数のコア（演算回路）〔➡Q158〕を搭載している（**ア**）ものは，マルチプロセッサである。
- ハードディスクなどの外部記憶装置を利用して，主記憶〔➡Q159〕より大きな容量の記憶空間を実現すること（**イ**）は，仮想記憶である。
- 1つのデータを分割して，複数のハードディスクに並列に書き込むこと（**エ**）は，ストライピング〔➡Q165〕である。

ちょっと深掘り マルチタスク

1つのCPUの処理時間を短い単位に分割し，複数のアプリケーションソフトに順番に割り当てて実行すること。

イモヅル復習問題 ➡ **Q158，Q159，Q165**

正解 ウ

でる度 ★★☆

Q175

文書作成ソフトがもつ機能である禁則処理が行われた例はどれか。

ア 改行後の先頭文字が，指定した文字数分だけ右へ移動した。
イ 行頭に置こうとした句読点や閉じ括弧が，前の行の行末に移動した。
ウ 行頭の英字が，小文字から大文字に変換された。
エ 文字列の文字が，指定した幅の中に等間隔に配置された。

サクッと正解

禁則処理は，句読点などの特定の文字が行頭や行末にならないように調整する処理。

イモヅル式解説

文書作成ソフトの機能である**禁則処理**とは，特定の文字（「、」「。」「¥」「$」など）が，行頭または行末にならないように**行の割付け**を行うことである。行頭に置こうとした句読点や閉じ括弧は，前行の行末に移動したり（**イ**），前行の行末の文字が行頭に移動する処理がされる。

この本のおかげで合格できました 。	➡	この本のおかげで合格できました。

改行後の先頭文字を，指定した文字数分だけ右へ移動させて（**ア**）行頭を揃えるのは，**オートインデント**の処理である。また，行頭にある英字を，小文字から大文字に自動的に変換する（**ウ**）処理は，**キャピタライゼーション（キャピタライズ）**と呼ばれる。文字列の文字を，指定した幅の中に等間隔に配置する（**エ**）処理は，**均等割付け**である。

ちょっと深掘り そのほかの自動処理

オートコレクト	入力間違いの文字を自動的に訂正する処理。
ハイフネーション	英単語の途中で行替えがされるときに，適切な位置で自動的に「-（ハイフン）」を付けて次行につなげる処理。

正解 **イ**

でる度 ★★☆

Q 176

プリンタへの出力処理において，ハードディスクに全ての出力データを一時的に書き込み，プリンタの処理速度に合わせて少しずつ出力処理をさせることで，CPUをシステム全体で効率的に利用する機能はどれか。

ア アドオン
イ スプール
ウ デフラグ
エ プラグアンドプレイ

サクッと正解

ハードディスクにすべての出力データを一時的に書き込み，少しずつ出力する機能を**スプール**という。

イモヅル式解説

スプール（**イ**）とは，プリンタへの出力処理において，ハードディスクにすべての出力データを一時的に書き込み，プリンタの処理速度に合わせて少しずつ出力処理をさせる機能のこと。主記憶装置と低速の入出力装置との間のデータ転送を，補助記憶装置を介して行うことにより，システム全体でCPU〔➡Q158〕を効率的に利用する機能である。

そのほかの選択肢もまとめて覚えよう。

アドオン （**ア**）	あるアプリケーションに特定の機能を追加するためのソフトウェア。
デフラグ（デフラグメンテーション） （**ウ**）	ディスクの断片化（**フラグメンテーション**）を解消するために，参照頻度の高いファイルを磁気ディスクの連続した領域に格納し，磁気ディスクの入出力時間を改善するユーティリティ。
プラグアンドプレイ （**エ**）〔➡**Q164**〕	PCに周辺機器を接続すると，デバイスドライバの組込みや設定などを自動的に行う機能。

正解 **イ**

でる度★★★

Q177 **ファイルの階層構造に関する次の記述中のa，bに入れる字句の適切な組合せはどれか。**

階層型ファイルシステムにおいて，最上位の階層のディレクトリを［ a ］ディレクトリという。ファイルの指定方法として，カレントディレクトリを基点として目的のファイルまでのすべてのパスを記述する方法と，ルートディレクトリを基点として目的のファイルまでの全てのパスを記述する方法がある。ルートディレクトリを基点としたファイルの指定方法を［ b ］パス指定という。

	a	b
ア	カレント	絶対
イ	カレント	相対
ウ	ルート	絶対
エ	ルート	相対

サクッと正解

最上位の階層は**ルートディレクトリ**，すべてのパスを記述する方法は**絶対パス**である。

イモヅル式解説

設問の用語をまとめて覚えよう。

カレントディレクトリ	現在選択されていたり作業を行っていたりするディレクトリ。
ルートディレクトリ	階層型の構造において最上階層に位置するディレクトリ。
絶対パス	最上位に位置するルートディレクトリから目的のディレクトリやファイルまでの経路をすべて示す表記方法。
相対パス	現在作業を行っているカレントディレクトリを基点として，目的のファイルやディレクトリまでのすべての経路をディレクトリ構造に従って示す表記方法。

正解 ウ

Q178

Webサーバ上において，図のようにディレクトリd1及びd2が配置されているとき，ディレクトリd1（カレントディレクトリ）にあるWebページファイルf1.htmlの中から，別のディレクトリd2にあるWebページファイルf2.htmlの参照を指定する記述はどれか。ここで，ファイルの指定方法は次のとおりである。

〔指定方法〕

(1) ファイルは，“ディレクトリ名/…/ディレクトリ名/ファイル名”のように，経路上のディレクトリを順に“/”で区切って並べた後に“/”とファイル名を指定する。

(2) カレントディレクトリは“.”で表す。

(3) 1階層上のディレクトリは“..”で表す。

(4) 始まりが“/”のときは，左端のルートディレクトリが省略されているものとする。

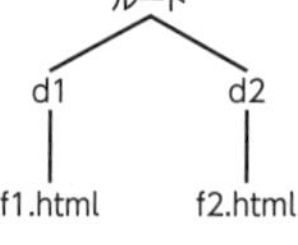

ア ./d2/f2.html　**イ** ./f2.html
ウ ../d2/f2.html　**エ** d2/../f2.html

サクッと正解

1つ上は「..」，区切りは「/」で記述する。

イモヅル式解説

ファイルf1.htmlはディレクトリd1の中にある。ここからf2.htmlを参照するには，d1からルートを通り，d2の中を参照しなければならない。d1からルートは1つ上なので，d1からのルートの指定は“../”である。次に，d2はルートの下にあるので，d1からd2の指定は“../”に“d2”を追加した“../d2”である（カレントディレクトリ〔➡Q177〕は，現在の位置という意味）。ファイルf2.htmlはd2の中にあるので，“/f2.html”を追加し，“../d2/f2.html”になる。このような参照を相対パス〔➡Q177〕という。

イモヅル復習問題 ➡Q177　正解 **ウ**

でる度★★★

Q 179

毎週日曜日の業務終了後にフルバックアップファイルを取得し，月曜日～土曜日の業務終了後には増分バックアップファイルを取得しているシステムがある。水曜日の業務中に故障が発生したので，バックアップファイルを使って火曜日の業務終了時点の状態にデータを復元することにした。データ復元に必要なバックアップファイルを全て挙げたものはどれか。ここで，増分バックアップファイルとは，前回のバックアップファイル（フルバックアップファイル又は増分バックアップファイル）の取得以降に変更されたデータだけのバックアップファイルを意味する。

ア　日曜日のフルバックアップファイル，月曜日と火曜日の増分バックアップファイル
イ　日曜日のフルバックアップファイル，火曜日の増分バックアップファイル
ウ　月曜日と火曜日の増分バックアップファイル
エ　火曜日の増分バックアップファイル

サクッと正解

フルバックアップはすべて，**増分バックアップ**は前回からの変更のみ。

イモヅル式解説

フルバックアップではすべてのデータを複製，増分バックアップでは前回バックアップ以降の変更データだけを複製する。ここでは，日曜日のフルバックアップから日曜日の業務終了時の状態を復元→月曜日の増分バックアップから月曜日の業務終了時の状態を復元→火曜日の増分バックアップから火曜日の業務終了時の状態を復元，となる（**ア**）。

ちょっと深掘り　差分バックアップ

差分バックアップ（Differencial Backup）とは，最新のフルバックアップ以降のすべての変更を毎回バックアップする方式のこと。

正解　**ア**

でる度 ★★★

Q 180

ある商品の月別の販売数を基に売上に関する計算を行う。セルB1に商品の単価が，セルB3～B7に各月の商品の販売数が入力されている。セルC3に計算式"B$1＊合計(B$3:B3)／個数(B$3:B3)"を入力して，セルC4～C7に複写したとき，セルC5に表示される値は幾らか。

	A	B	C
1	単価	1,000	
2	月	販売数	計算結果
3	4月	10	
4	5月	8	
5	6月	0	
6	7月	4	
7	8月	5	

ア 6　**イ** 6,000　**ウ** 9,000　**エ** 18,000

サクッと正解

C5の計算式は"**B$1＊合計(B$3:B5)／個数(B$3:B5)**"となる。

イモヅル式解説

絶対参照は，セルを複写しても参照するセルが変化しない参照方法である。これに対し，**相対参照**は，複写すると位置関係を維持したまま参照するセルが変化する。表計算ソフトで絶対参照を指定するには，行番号や列番号の前に$マークを付ける。

これを踏まえ，下方向のC4～C7に複写されるセルC3の計算式"**B$1＊合計(B$3:B3)／個数(B$3:B3)**"は，相対参照である**B3**の行指定がB4，B5，B6と変化していく。したがって，C5に複写された計算式は"**B$1＊合計(B$3:B5)／個数(B$3:B5)**"となることがわかる。

計算式にデータを当てはめると，「**1,000×18÷3=6,000**」になる。

正解 **イ**

でる度 ★★★

Q181

表計算ソフトを用いて，二つの科目X，Yの成績を評価して合否を判定する。それぞれの点数はワークシートのセルA2，B2に入力する。合計点が120点以上であり，かつ，2科目とも50点以上であればセルC2に“合格”，それ以外は“不合格”と表示する。セルC2に入れる適切な計算式はどれか。

	A	B	C
1	科目X	科目Y	合否
2	50	80	合格

ア IF(論理積((A2+B2)≧120, A2≧50, B2≧50), ‘合格’, ‘不合格’)
イ IF(論理積((A2+B2)≧120, A2≧50, B2≧50), ‘不合格’, ‘合格’)
ウ IF(論理和((A2+B2)≧120, A2≧50, B2≧50), ‘合格’, ‘不合格’)
エ IF(論理和((A2+B2)≧120, A2≧50, B2≧50), ‘不合格’, ‘合格’)

サクッと正解

論理積は，合致すれば式1の「合格」を表示する。

イモヅル式解説

IF関数は「**IF(論理式，式1，式2)**」の形式で記述される。論理式に合致すれば**式1**，合致しなければ**式2**の値を返す関数である。

論理積〔➡Q146〕	すべての値が合致したときに式1，それ以外のときに式2を返す。
論理和〔➡Q146〕	少なくとも1つの値が合致したときに式1，それ以外のときに式2を返す。

設問で“合格”と表示する条件は，「合計点が120点以上であり，かつ，2科目とも50点以上」なので，すべての値が合致したときの**論理積**で判断することになる。すべての値が合致したときに式1「合格」であり，それ以外のときに式2「不合格」を返す**IF(論理積((A2+B2)≧120，A2≧50，B2≧50)，‘合格’，‘不合格’)**が正解である。

イモヅル復習問題 ➡Q180

正解 ア

でる度★★☆

Q 182 **OSS (Open Source Software) に関する記述のうち，適切なものだけを全て挙げたものはどれか。**

①Webサーバとして広く用いられているApache HTTP ServerはOSSである。

②WebブラウザであるInternet ExplorerはOSSである。

③ワープロソフトや表計算ソフト，プレゼンテーションソフトなどを含むビジネス統合パッケージは開発されていない。

ア ①　**イ** ①，②　**ウ** ②，③　**エ** ③

サクッと正解

Apache HTTP Serverは，OSSのWebサーバソフトである。

イモヅル式解説

OSSは，再配布の自由，再配布時のソースコードの包含，派生ソフトウェアの改変の許諾などが要求されるソフトウェアの総称である。設問の①～③を検討してみよう。

①**Apache HTTP Server**は，OSSのWebサーバソフトなので，適切な記述である。

②Internet ExplorerやMicrosoft Edgeは，MicrosoftのWebブラウザなのでOSSではなく，適切な記述ではない。OSSのWebブラウザとしては，**Firefox**などが有名。

③ワープロソフトや表計算ソフト，プレゼンテーションソフトなどを含むApache OpenOfficeなどのビジネス統合パッケージもOSSとして開発されているので，適切な記述ではない。

ちょっと深掘り **OSSの特徴**

- 著作権は放棄されていない。
- 使用分野やユーザを制限してはならない。
- 既存のOSSを改良した派生ソフトウェアをOSSとして公開できる。
- OSSを再頒布する際には，有料にすることができる。

正解 **ア**

ソフトウェア

でる度★★★

Q183 **イラストなどに使われている，最大表示色が256色である静止画圧縮のファイル形式はどれか。**

ア GIF　**イ** JPEG　**ウ** MIDI　**エ** MPEG

サクッと正解

最大表示色が256色である静止画圧縮のファイル形式は，**GIF**である。

イモヅル式解説

GIF〈=Graphics Interchange Format〉（**ア**）は，イラストなどに使われている256色までの静止画像のフォーマットである。

特徴として，次のようなものがある。

- 画像が劣化しない可逆圧縮が可能である。
- 特定色を透明化し，画像の背景を透過表示することが可能である。
- GIFアニメと呼ばれる，複数の画像を1つにまとめる機能がある。
- ファイル読込みの進捗に合わせ，段階的に画像を表示するインタレース〔➡Q189〕機能がある。

そのほかの選択肢もまとめて覚えよう。

JPEG〈=Joint Photographic Experts Group〉（**イ**）	フルカラーに対応した非可逆圧縮の静止画像のフォーマット。
MIDI〈=Musical Instrument Digital Interface〉（**ウ**）	電子楽器とPCを接続し，演奏情報をディジタル転送するための共通規格。
MPEG〈=Moving Picture Experts Group〉（**エ**）	カラー動画の圧縮フォーマット。MPEG-1，MPEG-2，MPEG-4などの規格がある。

ちょっと深掘り PNGとMP3

PNG〈=Portable Network Graphics〉とは，可逆圧縮の静止画像のフォーマット。また，MP3〈=Mpeg Audio Layer-3〉は，音声データのためのファイル圧縮形式である。

正解 **ア**

でる度 ★★☆

Q 184

大学のキャンパス案内のWebページ内に他のWebサービスが提供する地図情報を組み込んで表示するなど，公開されているWebページやWebサービスを組み合わせて一つの新しいコンテンツを作成する手法を何と呼ぶか。

ア シングルサインオン　**イ** デジタルフォレンジックス
ウ トークン　**エ** マッシュアップ

サクッと正解

既存のコンテンツを組み合わせて新しいコンテンツを作成する手法は，**マッシュアップ**である。

イモヅル式解説

マッシュアップ（**エ**）は，公開されている複数のサービスを利用し，新たなサービスを開発する手法である。設問文は，大学のWebページにほかのWebサービスが提供する地図情報を組み込んでいるので，マッシュアップに該当する。

シングルサインオン（**ア**）	利用者が認証を一度受けるだけで，許可されている複数のシステムを利用できる仕組み。
ディジタルフォレンジックス（**イ**）〔➡**Q236**〕	コンピュータやネットワークに関連する犯罪や法的紛争などの証拠を明らかにする技術。
トークン（**ウ**）	ワンタイムパスワード〔➡**Q225**〕を生成する装置など，ネットワークでディジタル認証を行うための装置。暗号資産（仮想通貨や代用貨幣）の意味でも使われる。

ちょっと深掘り テレマティクス

テレマティクスは，自動車などの移動体にセンサや表示機器などを搭載し，通信システムと連動させて，運転者へ様々な情報をリアルタイムに提供するサービスを可能にする技術である。

正解 **エ**

でる度★☆☆

Q185 ブログにおけるトラックバックの説明として，適切なものはどれか。

ア 一般利用者が，気になるニュースへのリンクやコメントなどを投稿するサービス

イ ネットワーク上にブックマークを登録することによって，利用価値の高いWebサイト情報を他の利用者と共有するサービス

ウ ブログに貼り付けたボタンをクリックすることで，SNSなどのソーシャルメディア上でリンクなどの情報を共有する機能

エ 別の利用者のブログ記事へのリンクを張ると，リンクが張られた相手に対してその旨を通知する仕組み

サクッと正解

トラックバックとは，別のブログの記事へリンクを張る機能のこと。

イモヅル式解説

トラックバックは，ある記事から別の記事にリンクを設定すると，リンク先となった別の記事からリンク元となった記事へのリンクが自動的に通知または設定される仕組み（**エ**）である。

- 一般利用者が，気になるニュースへのリンクやコメントなどを投稿するサービス（**ア**）は，コメント投稿機能である。
- ネットワーク上にブックマークを登録することによって，利用価値の高いWebサイト情報をほかの利用者と共有するサービス（**イ**）は，**ソーシャルブックマーク**である。
- ブログに貼り付けたボタンをクリックすることで，**SNS**〈=Social Networking Service〉〔➡**Q077**〕などのソーシャルメディア上でリンクなどの情報を共有する機能（**ウ**）は，**ソーシャルボタン**と呼ばれる。

ちょっと深掘り RSSとフィード

RSS〔➡**Q077**〕とは，Webページの見出しやリンク，要約などを定型に従って記述できるフォーマットの総称。フィードは，Webサイトやブログなどのコンテンツを配信用に加工したファイルやフォーマットである。

正解 **エ**

Q186 **Webサイトを構築する際にスタイルシートを用いる理由として，適切なものはどれか。**

ア　WebサーバとWebブラウザ間で安全にデータをやり取りできるようになる。
イ　Webサイトの更新情報を利用者に知らせることができるようになる。
ウ　Webサイトの利用者を識別できるようになる。
エ　複数のWebページの見た目を統一することが容易にできるようになる。

サクッと正解

スタイルシート（CSS）は，Webページの修飾に関する文書である。

イモヅル式解説

スタイルシート〈=Cascading Style Sheets；CSS〉とは，Webページの修飾など，見た目に関する定義を記述したもの。Webサイトの制作・編集において，全体の色調や複数のWebページの**デザイン**を統一したい場合（**エ**）など，**HTML**と組み合わせて利用するファイルである。コンテンツとデザインを別にしたりレイアウトを細かく指定できたりするなどの利点もある。

- WebサーバとWebブラウザ間で安全にデータをやり取りできるようになる（**ア**）のは，**SSL/TLS**などを用いる理由である。
- Webサイトの更新情報を利用者に知らせることができるようになる（**イ**）のは，**RSS**〔➡Q077〕を用いる理由である。
- Webサイトの利用者を識別できるようになる（**ウ**）のは，**cookie**を用いる理由である。

cookie

cookieは，Webサーバに対するアクセスがどのPCからのものであるかを識別するために，Webサーバの指示によってWebブラウザに利用者情報などを一時的に保存する仕組みである。

正解 **エ**

でる度 ★★☆

Q187 HyperTextの特徴を説明したものはどれか。

ア いろいろな数式を作成・編集できる機能をもっている。
イ いろいろな図形を作成・編集できる機能をもっている。
ウ 多様なテンプレートが用意されており，それらを利用できるようにしている。
エ 文中の任意の場所にリンクを埋め込むことで関連した情報をたどれるようにした仕組みをもっている。

サクッと正解

HyperTextとは，リンクにより複数のファイルを関連付ける仕組み。

イモヅル式解説

HyperText（ハイパテキスト）とは，リンクにより複数のファイルを相互に関連付ける仕組み。文中の任意の場所にリンクを埋め込むことで，リンク先の関連情報をたどることができる（**エ**）。

いろいろな数式を作成・編集できる機能をもっている（**ア**）のは，文書作成ソフトや組版処理システムである。また，いろいろな図形を作成・編集できる機能をもっている（**イ**）のは，画像編集ソフトである。

Webページを作成するソフトウェアやCMS（コンテンツ管理システム）〔➡**Q070**〕には，テンプレートが用意されているものもあるが（**ウ**），HyperText自体にはテンプレートが用意されていないので誤り。

ちょっと深掘り XMLとSVG

XML〈=eXtensible Markup Language〉	文書の属性情報や論理構造などを指定するタグを，利用者が目的に応じて自由に定義して使うことができるマークアップ言語。
SVG〈=Scalable Vector Graphics〉	矩形や円，直線，文字列などの図形オブジェクトをXML形式で記述し，Webページでの図形描画にも使うことができる画像フォーマット。

正解 **エ**

でる度★★☆

Q188

DVD-RやSDカードなどに採用され，ディジタルコンテンツを記録メディアに一度だけ複製することを許容する著作権保護技術はどれか。

ア AR
イ CPRM
ウ HDMI
エ MIDI

サクッと正解

著作権保護のために複製を1回だけに制限した技術は，**CPRM**である。

イモヅル式解説

CPRM〈=Content Protection for Recordable Media〉（**イ**）は，ディジタルコンテンツを記録メディアに一度だけ複製することを許容する著作権保護技術である。コピーワンスと呼ばれ，ディジタル放送は不正コピーを防ぐ目的でダビングは1回だけに制限されている。

そのほかの選択肢もまとめて覚えよう。

AR〈=Augmented Reality〉（**ア**）〔➡**Q073**〕	実際に目の前にある現実の映像の一部にコンピュータで仮想の情報を付加することによって，拡張された現実環境を体感できる技術。
HDMI〈=High-Definition Multimedia Interface〉（**ウ**）	映像や音声などをまとめて送信できるAV機器向けの通信規格。
MIDI〈=Musical Instrument Digital Interface〉（**エ**）〔➡**Q183**〕	電子楽器とPCを接続し，演奏情報をディジタル転送するための共通規格。

ちょっと深掘り　バーチャルリアリティ

バーチャルリアリティ〈=Virtual Reality：VR〉〔➡**Q073**〕は，ヘッドマウントディスプレイなどのハードウェアを装着し，人の五感に働きかけることにより，実際には存在しない場所や世界を3次元の仮想空間で構成し，自分の動作に合わせて仮想空間も変化することによって，あたかも現実のように体感できる技術である。

正解　**イ**

情報デザイン

でる度★★★

Q 189

建物や物体などの立体物に，コンピュータグラフィックスを用いた映像などを投影し，様々な視覚効果を出す技術を何と呼ぶか。

ア ディジタルサイネージ
イ バーチャルリアリティ
ウ プロジェクションマッピング
エ ポリゴン

サクッと正解

視覚効果を施した映像を建物などの立体物に投影する技術のひとつは，**プロジェクションマッピング**である。

イモヅル式解説

プロジェクションマッピング（**ウ**）は，建物や物体など凹凸のある立体物に，コンピュータグラフィックスを用いた映像などを投影し，様々な視覚効果を出す技術である。

ディジタルサイネージ（**ア**）〔➡**Q081**〕	ディスプレイに文字や映像などの情報を表示する電子看板。
バーチャルリアリティ〈**=VR；仮想現実**〉（**イ**）〔➡**Q073**〕	コンピュータグラフィックスなどを利用して生成した物体などにより，現実世界のように体感できる空間を作り出す技術。
ポリゴン（**エ**）	コンピュータグラフィックスなどで多面体を構成したり，2次曲面や自由曲面を近似したりするのに用いられる基本的な要素。
レンダリング画像	コンピュータ内部に記録されている3次元空間の物体を，ディスプレイに描画できるように2次元化した映像。
インタレース	画像を上から順に表示するのではなく，モザイク状の粗い画像をまず表示し，徐々に鮮明に表示することで，全体像を確認しやすくする表示形式。
モーフィング	ある物体を含む映像から，形状の異なるほかの物体を含む映像へと，滑らかに変化させる映像の技術。

正解 **ウ**

でる度 ★★★

Q 190

IT機器やソフトウェア，情報などについて，利用者の身体の特性や能力の違いなどにかかわらず，様々な人が同様に操作，入手，利用できる状態又は度合いを表す用語として，最も適切なものはどれか。

ア アクセシビリティ　　**イ** スケーラビリティ
ウ ダイバーシティ　　**エ** トレーサビリティ

サクッと正解

様々な人が利用できる状態や度合いは，**アクセシビリティ**である。

イモヅル式解説

アクセシビリティ（ア）は，ソフトウェアやサービス，Webサイトなどを，高齢者や障がい者などを含む**誰もが利用可能**な状態であるかを示すものである。そのほかの「～ティ」の付く用語をまとめて覚えよう。

スケーラビリティ（イ）	情報システムの機器や機能に関する拡張性や拡張できる度合い。拡張性が高い，拡張が容易であることをスケーラブルなシステムとも表現する。
ダイバーシティ（ウ）〔➡Q014〕	性別，年齢，人種，国籍，経験など，個人ごとに異なる属性や価値観などを受け入れること。
トレーサビリティ（エ）	製品や食料品など，生産段階から最終消費段階または廃棄段階までの全工程について，履歴の追跡が可能であること。
ユーザビリティ	利用者がどれだけストレスを感じずに，目標とする要求が達成できるかの度合い。
コモディティ	製品やサービスが，機能や品質に差が見られなくなり，汎用化・均一化していること。
パリティ〔➡Q165〕	誤り検出に用いられる誤り訂正符号。これを用いてデータを確認・検査することを**パリティチェック**という。
ファシリティ	建物・設備・備品などの物的資産。これらを管理や更新することを**ファシリティマネジメント**〔➡Q128〕という。

正解 **ア**

データベース

でる度★★☆

Q191 **レコードの関連付けに関する説明のうち，関係データベースとして適切なものはどれか。**

ア　複数の表のレコードは，各表の先頭行から数えた同じ行位置で関連付けられる。
イ　複数の表のレコードは，対応するフィールドの値を介して関連付けられる。
ウ　レコードとレコードは，親子関係を表すポインタで関連付けられる。
エ　レコードとレコードは，ハッシュ関数で関連付けられる。

サクッと正解

関係データベースにおいて，複数の表のレコードは，対応するフィールドの値を介して関連付けられる。

イモヅル式解説

関係データベースとは，関連するデータを，表の形式で表現したデータベースのこと。**レコード**は，表の行に相当するデータのまとまり，**フィールド**は，表の列に相当するデータのまとまりで，レコードの一つひとつの項目（要素）といえる。

複数の表のレコードは，対応するフィールドの値を介して関連付けられている（**イ**）。下図では，ICカード登録表は，「社員番号」で入退出許可表と，「ICカード番号」で入退出記録表と関連付けられている。

ICカード登録表

ICカード番号	社員番号	所属部署コード	氏名

入退出許可表

社員番号	区画番号	許可区分

入退出記録表

入退出年月日	入退出時刻	ICカード番号	区画番号	入退出区分

入退出管理で用いるデータベースの構造（一部）

正解　**イ**

データベース

でる度★★★

Q 192 **関係データベースにおいて，主キーを設定する理由はどれか。**

ア 算術演算の対象とならないことが明確になる。
イ 主キーを設定した列が検索できるようになる。
ウ 他の表からの参照を防止できるようになる。
エ 表中のレコードを一意に識別できるようになる。

サクッと正解

主キーが必要な理由は，表のレコードを一意に特定できるようになるからである。

イモヅル式解説

関係データベース〔➡Q191〕において，**主キー（Primary Key）**とは，表（テーブル）ごとに設定され，表の行である**レコード**〔➡Q191〕を一意に識別できる（**エ**）**列（項目，フィールド）**〔➡Q191〕のことを指す。「一意に識別できる」とは，「1つに特定できる」という意味である。

また，主キーは複数の列を組み合わせたものでもよい。

そのほかの選択肢の内容を確認しておこう。

・算術演算の対象となるか（**ア**），設定した列が検索できるようになるか（**イ**）は，主キーの設定とは関係がない。
・主キーを設定した列が，ほかの表からの参照を防止できるようになる（**ウ**）ことはない。

ちょっと深掘り 関係データベースの用語

主キー	レコードを一意に特定するための列や列の組合せ
外部キー	ほかの表を参照するための列や列の組合せ
インデックス	データへのアクセス効率を上げるための索引

イモヅル復習問題 ➡Q191

正解 **エ**

データベース

でる度★★★

Q193 **売上伝票のデータを関係データベースの表で管理することを考える。売上伝票の表を設計するときに，表を構成するフィールドの関連性を分析し，データの重複及び不整合が発生しないように，複数の表に分ける作業はどれか。**

ア 結合　**イ** 射影　**ウ** 正規化　**エ** 排他制御

サクッと正解

データの重複及び不整合が発生しないように，複数の表に分ける作業は，**正規化**である。

イモヅル式解説

正規化（ウ）とは，関係データベースを構築する際に，データ同士の関連性を維持したまま表を分離する作業のこと。データの**冗長性**（重複がある状態）や不整合（矛盾している状態）を排除し，データの一貫性の確保と効率的なアクセスを実現するために行われる。

結合（ア）	共通の属性で複数の表を結合し，1つの表にする。
射影（イ）	指定された条件に合う列を，表から抽出する。
選択	指定された条件に合う行を，表から抽出する。
排他制御（エ）	同時アクセスがあった場合でも実行を管理して整合性を保つ。

表1

品名コード	品名	価格	メーカ
001	そば	120	A社
002	うどん	130	B社

表2

品名コード	棚番号
001	1
002	5

品名コードを基準に表1と表2を結合

品名コード	品名	価格	メーカ	棚番号
001	そば	120	A社	1
002	うどん	130	B社	5

品名，価格，棚番号を抽出（射影）

表3

品名	価格	棚番号
そば	120	1
うどん	130	5

正解 ウ

でる度★★★

Q194

関係データベースの“社員”表と“部署”表がある。“社員”表と“部署”表を結合し，社員の住所と所属する部署の所在地が異なる社員を抽出する。抽出される社員は何人か。

社員

社員ID	氏名	部署コード	住所
H001	伊藤　花子	G02	神奈川県
H002	高橋　四郎	G01	神奈川県
H003	鈴木　一郎	G03	三重県
H004	田中　春子	G04	大阪府
H005	渡辺　二郎	G03	愛知県
H006	佐藤　三郎	G02	神奈川県

部署

部署コード	部署名	所在地
G01	総務部	東京都
G02	営業部	神奈川県
G03	製造部	愛知県
G04	開発部	大阪府

ア 1　**イ** 2　**ウ** 3　**エ** 4

サクッと正解 

設問の2つの表を**結合**し，条件に合う行を探していく。

イモヅル式解説 

社員表と部署表を部署コードで結合〔➡Q193〕する。

社員ID	氏名	部署コード	住所	部署名	所在地
H001	伊藤　花子	G02	神奈川県	営業部	神奈川県
H002	高橋　四郎	G01	神奈川県	総務部	東京都
H003	鈴木　一郎	G03	三重県	製造部	愛知県
H004	田中　春子	G04	大阪府	開発部	大阪府
H005	渡辺　二郎	G03	愛知県	製造部	愛知県
H006	佐藤　三郎	G02	神奈川県	営業部	神奈川県

社員の住所と所属する部署の所在地が異なる社員の**レコード（行）**〔➡Q191〕を選択〔➡Q193〕すると，2名であることがわかる。

イモヅル復習問題 ➡Q192

正解　イ

Q195 E-R図で表現するものはどれか。

ア HDD内のデータの物理的な配置
イ エンティティ同士の関係
ウ 処理の流れ
エ 入力データ及び出力データ

サクッと正解

E-R図とは，エンティティ（実体）同士のリレーションシップ（関係）を表現した図のこと。

イモヅル式解説

E-R図は，データベースの設計にあたり，対象となる**実体**〈=Entity；エンティティ〉の**関係**〈=Relationship；リレーションシップ〉を表現する図法である。

そのほかの選択肢の内容も確認しておこう。

- HDD内のデータの物理的な配置（**ア**）は，PBA〈=Physical Block Address〉である。なお論理的な配置は，LBA〈=Logical Block Address〉と呼ばれる。
- 処理の流れ（**ウ**）を表現するのは，**フローチャート（流れ図）**〔➡Q152〕である。
- 入力データ及び出力データ（**エ**）を表現するのは，**DFD**〈=Data Flow Diagram〉〔➡Q118〕である。

ちょっと深掘り E-R図の描き方の例

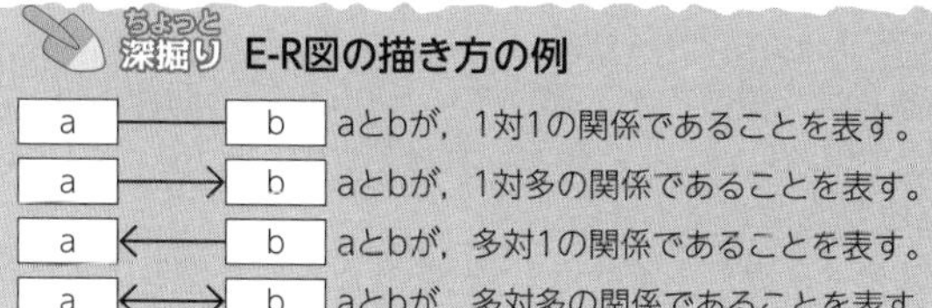

イモヅル復習問題 ➡Q066，Q118，Q152

正解 **イ**

でる度 ★★★

Q 196

条件①～④を全て満たすとき，出版社と著者と本の関係を示すE-R図はどれか。ここで，E-R図の表記法は次のとおりとする。

〔表記法〕 [a] → [b]

aとbが，1対多の関係であることを表す。

〔条件〕 ①出版社は，複数の著者と契約している。
②著者は，一つの出版社とだけ契約している。
③著者は，複数の本を書いている。
④1冊の本は，1人の著者が書いている。

ア [出版社] → [著者] → [本]
イ [出版社] → [著者] ← [本]
ウ [出版社] ← [著者] → [本]
エ [出版社] ← [著者] ← [本]

サクッと正解

この設問での**E-R図**の表記は1→多であり，条件から出版社→著者，著者→本の関係を読み取る。

イモヅル式解説

E-R〈=Entity-Relationship〉図〔➡**Q195**〕は，対象となる**実体**（人や物，場所，事象など）と実体の関係を表現する図法であり，関係データベース〔➡**Q191**〕の設計などに用いられる。

設問の〔条件〕にある「①出版社は，複数の著者と契約している」と「②著者は，一つの出版社とだけ契約している」から，出版社と著者の関係は**1対多**であることがわかる。

同様に「③著者は，複数の本を書いている」と「④1冊の本は，1人の著者が書いている」から，この本は共著でないことがわかり，著者と本の関係は**1対多**と判断できる。

ここから，著者から見た出版社は1，出版社から見た著者は多，著者から見た本は多，本から見た著者は1であることがわかる。この関係をE-R図で表現すると，「出版社→著者→本」（**ア**）となる。

イモヅル復習問題 ➡ **Q195**

正解 **ア**

でる度★★☆

Q 197

トランザクション処理のACID特性に関する記述として，適切なものはどれか。

ア　索引を用意することによって，データの検索時の検索速度を高めることができる。

イ　データの更新時に，一連の処理が全て実行されるか，全く実行されないように制御することによって，原子性を保証することができる。

ウ　データベースの複製を複数のサーバに分散配置することによって，可用性を高めることができる。

エ　テーブルを正規化することによって，データに矛盾や重複が生じるのを防ぐことができる。

サクッと正解

ACID特性のひとつである**原子性**は，一連の処理がすべて実行されるか，全く実行されないかのどちらかになることを保証する。

イモヅル式解説

ACID特性とは，データベースの**トランザクション処理**に求められる4つの特性の頭文字をとった造語である。各性質は以下のとおり。

原子性 (Atomicity)	データベースに対する更新処理を，すべて実行するか全く実行しないかのどちらかになることを保証する特性（**イ**）。
一貫性 (Consistency)	処理実行後もデータの矛盾が起こらず，常にデータベースの整合性がとれていることを保証する特性。
独立性 (Isolation)	複数の処理を同時に実行した場合と順番に実行した場合の結果が常に等しくなることを保証する特性。
永続性 (Durability)	正常に終了（**コミット**）した処理の結果は，以降にどのような障害が起こっても結果が保たれるという特性。

索引でデータ検索時の検索速度を高める（**ア**）のは，**インデックス**などである。データベースの複製を複数のサーバに分散配置すること（**ウ**）は，**レプリケーション**である。データの矛盾や重複を排除する**正規化**（**エ**）〔➡Q193〕は，ACID特性と直接関係がない。

正解　**イ**

Q 198 **通信プロトコルの説明として，最も適切なものはどれか。**

ア　PCやプリンタなどの機器をLANへ接続するために使われるケーブルの集線装置

イ　Webブラウザで指定する情報の場所とその取得方法に関する記述

ウ　インターネット通信でコンピュータを識別するために使用される番号

エ　ネットワークを介して通信するために定められた約束事の集合

サクッと正解

通信プロトコルとは，通信のために定められた約束事の集合のこと。

イモヅル式解説

通信プロトコルは，ネットワークを介して通信するために定められた約束事の集合（エ）であり，通信規約である。メーカやOSが異なる機器同士でも，同じ通信プロトコルを使えば互いに通信できる。

そのほかの選択肢の内容も確認しておこう。

- PCやプリンタなどの機器をLAN〔➡Q203〕へ接続するために使われるケーブルの集線装置（ア）は，ハブ〔➡Q205〕である。
- Webブラウザで指定する情報の場所とその取得方法に関する記述（イ）は，URL〈=Uniform Resource Locator〉である。
- インターネット通信でコンピュータを識別するために使用される番号（ウ）は，IPアドレス〔➡Q203〕である。

ちょっと深掘り　サブネットマスク

IPアドレスに含まれるネットワークアドレスと，そのネットワークに属する個々のコンピュータのホストアドレスの境界を示すビットのこと。

正解　エ

ネットワーク

でる度 ★☆☆

Q 199

Aさんが，Pさん，Qさん及びRさんの3人に電子メールを送信した。Toの欄にはPさんのメールアドレスを，Ccの欄にはQさんのメールアドレスを，Bccの欄にはRさんのメールアドレスをそれぞれ指定した。電子メールを受け取ったPさん，Qさん及びRさんのうち，同じ内容の電子メールがPさん，Qさん及びRさんの3人に送られていることを知ることができる人だけを全て挙げたものはどれか。

ア Pさん，Qさん，Rさん　**イ** Pさん，Rさん
ウ Qさん，Rさん　**エ** Rさん

サクッと正解

Bccで指定した宛先に送信されていることを，ほかの受信者は知ることができない。

イモヅル式解説

電子メールで指定する宛先のTo，Cc，Bccの違いを整理しておこう。

To	メールの宛先を指定する。複数のメールアドレスを指定することもでき，ほかの受信者がメールアドレスを知ることができる。
Cc 〈=Carbon Copy〉	Toで指定した宛先のほか，参考までにメールのコピーを送信する宛先を指定する。Toと同様，ほかの受信者がメールアドレスを知ることができる。
Bcc 〈=Blind Carbon Copy〉	Toで指定した宛先のほか，メールのコピーを送信する宛先を指定する。Bccで指定した宛先は，ほかの受信者にメールアドレスを知られることがない。

Toで送信されたPさんとCcで送信されたQさんは，それぞれに送信されていることがわかり，メールアドレスを知ることができる。しかし，Bccで送信されたRさんに送信されていることは知ることができず，2人はRさんのメールアドレスを知ることができない。Rさんは，PさんとQさんに送信されていることを知ることができる。

正解 **エ**

Q 200

PC1のメールクライアントからPC2のメールクライアントの利用者宛ての電子メールを送信するとき，①～③で使われているプロトコルの組合せとして，適切なものはどれか。

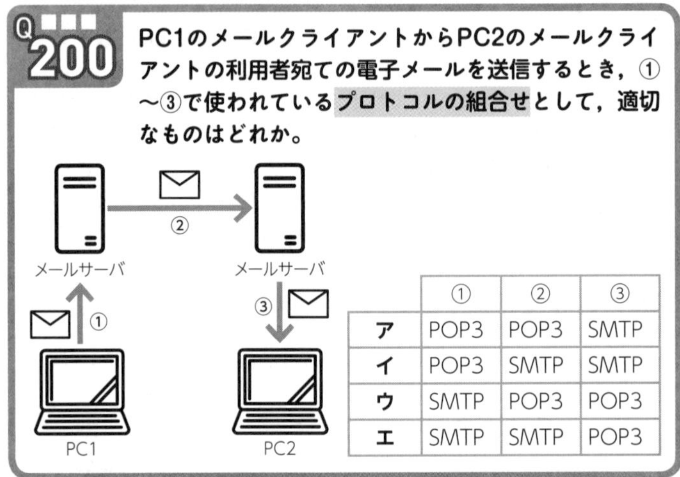

	①	②	③
ア	POP3	POP3	SMTP
イ	POP3	SMTP	SMTP
ウ	SMTP	POP3	POP3
エ	SMTP	SMTP	POP3

サクッと正解

SMTPはメールの送信・転送，**POP3**は受信のプロトコルである。

イモヅル式解説

プロトコル〔➡Q198〕とは，ネットワークを介して通信するために定められた約束事の集合のこと。**SMTP**〈=Simple Mail Transfer Protocol〉は，メールクライアントからメールサーバに電子メールを送信したり（①），メールサーバ間で転送したり（②）するときのプロトコルである。また，**POP3**〈=Post Office Protocol version 3〉は，メールクライアントがメールサーバからメールをダウンロード（受信）する（③）プロトコルである。

ちょっと深掘り IMAP

IMAP〈=Internet Message Access Protocol〉は，PCで電子メールを読むときに，サーバからPCにメールをダウンロードするのではなく，サーバ上で保管するプロトコルである。未読，メール削除，フォルダ振分けなどの状態が，どのPCからも同一に見えるようにすることができる。

正解　エ

でる度★★

Q 201 NTPの利用によって実現できることとして，適切なものはどれか。

ア OSの自動バージョンアップ
イ PCのBIOSの設定
ウ PCやサーバなどの時刻合わせ
エ ネットワークに接続されたPCの遠隔起動

サクッと正解

NTPは，時刻合わせのプロトコルである。

イモヅル式解説

NTP〈=Network Time Protocol〉は，ネットワークに接続されている機器間で時刻を同期させる時刻合わせ（**ウ**）のプロトコル〔➡**Q198**〕である。

OSの自動バージョンアップ（**ア**），BIOSの設定（**イ**），PCの遠隔起動（**エ**）は，NTPと直接関係がない。

試験に出るプロトコルをまとめて覚えよう。

HTTP〈=HyperText Transfer Protocol〉	WebサーバとWebブラウザとの通信。
HTTPS〈=HTTP over SSL/TLS〉	HTTPに通信内容の暗号化を付加。
FTP〈=File Transfer Protocol〉	ファイル転送。
anonymous FTP	利用者固有のパスワードを使用せず，誰でも利用できるFTP。
DHCP〈=Dynamic Host Configuration Protocol〉〔➡**Q207**〕	IPアドレス〔➡**Q203**〕の自動割当て。
SNMP〈=Simple Network Management Protocol〉	ネットワーク監視。
ARP〈Address Resolution Protocol〉	IPアドレスから通信先のMACアドレス〔➡**Q208**〕を取得。

正解 **ウ**

でる度★★★

Q 202

ネットワークにおけるDNSの役割として，適切なものはどれか。

ア　クライアントからのIPアドレス割当て要求に対し，プールされたIPアドレスの中から未使用のIPアドレスを割り当てる。

イ　クライアントからのファイル転送要求を受け付け，クライアントへファイルを転送したり，クライアントからのファイルを受け取って保管したりする。

ウ　ドメイン名とIPアドレスの対応付けを行う。

エ　メール受信者からの読出し要求に対して，メールサーバが受信したメールを転送する。

サクッと正解

DNSの役割は，ドメイン名とIPアドレスの対応付けを行うことである。

イモヅル式解説

IPアドレス〔➡Q203〕は数字の羅列であり，人間にはわかりにくい。これに対し，ドメイン名はimpress.co.jpやrakupass.comといった文字列である。**DNS**〈=Domain Name System〉は，IPアドレスと**ドメイン名**の対応付けを行う（ウ）仕組みである。

そのほかの選択肢の内容も確認しておこう。

- クライアントからのIPアドレス割当て要求に対し，プールされたIPアドレスの中から未使用のIPアドレスを割り当てる（ア）のは，**DHCP**〔➡Q207〕の役割である。
- クライアントからのファイル転送要求を受け付け，クライアントへファイルを転送したり，クライアントからのファイルを受け取って保管したりする（イ）のは，**ファイルサーバ**の役割である。
- メール受信者からの読出し要求に対して，メールサーバが受信したメールを転送する（エ）のは，**POP**〈=Post Office Protocol〉〔➡Q200〕の役割である。POP3はPOPバージョン3という意味。

イモヅル復習問題 ➡Q201

正解　ウ

Q203

ネットワークに関する次の記述中のa～cに入れる字句の適切な組合せはどれか。

建物内などに設置される比較的狭いエリアのネットワークを［ a ］といい，地理的に離れた地点に設置されている［ a ］間を結ぶネットワークを［ b ］という。一般に，［ a ］に接続する機器に設定するIPアドレスには，組織内などに閉じたネットワークであれば自由に使うことができる［ c ］が使われる。

	a	b	c
ア	LAN	WAN	グローバルIPアドレス
イ	LAN	WAN	プライベートIPアドレス
ウ	WAN	LAN	グローバルIPアドレス
エ	WAN	LAN	プライベートIPアドレス

サクッと正解

プライベートIPアドレスは，LANの中だけで使われる。

イモヅル式解説

LAN〈=Local Area Network〉は，建物内などに設置される比較的狭いエリアのネットワークである。

また，**WAN**〈=Wide Area Network〉は，通信事業者のネットワークサービスなどを利用し，本社と支店のような地理的に離れた地点間のLAN同士を結ぶネットワークである。

IP〈=Internet Protocol〉**アドレス**は，コンピュータ通信において機器を判別するための番号である。

プライベートIPアドレスは，インターネットなどの外部ネットワークに接続されていない，LANのような組織内などに閉じたネットワークで使われるIPアドレスである。組織内だけの利用なので，重複がなければ自由に設定できる。**グローバルIPアドレス**は，インターネットに接続する場合に必要なIPアドレスであり，国際機関によって重複がないように管理されている。

正解　**イ**

でる度★★★

Q204 アドホックネットワークの説明として，適切なものはどれか。

ア アクセスポイントを経由せず，端末同士が相互に通信を行う無線ネットワーク

イ インターネット上に，セキュリティが保たれたプライベートな環境を実現するネットワーク

ウ サーバと，そのサーバを利用する複数台のPCをつなぐ有線ネットワーク

エ 本店と支店など，遠く離れた拠点間を結ぶ広域ネットワーク

サクッと正解

アドホックネットワークは，端末同士が相互に通信する無線ネットワークである。

イモヅル式解説

アドホックネットワークは，無線LAN〔➡Q208〕における動作モードのひとつ。端末同士が中継器（アクセスポイント）を介さず，直接通信を行う形態（アドホックモード）の無線ネットワーク（**ア**）である。

インフラストラクチャモード	無線LANにおける動作モードのひとつ。端末がアクセスポイントを経由して通信するネットワークの形態。
VPN〈=Virtual Private Network〉〔➡Q173〕	インターネット上に仮想の専用線を構築し，セキュリティが保たれたプライベートな環境を実現するネットワーク（**イ**）。
LAN〈=Local Area Network〉〔➡Q203〕	サーバと，そのサーバを利用する複数台のPCなどの端末をつなぐ（**ウ**），比較的狭いエリアのネットワーク。
WAN〈=Wide Area Network〉〔➡Q203〕	本店と支店などのような地理的に離れた拠点間を結ぶ広域ネットワーク（**エ**）。
イントラネット	インターネット技術などを利用して構築された組織内のネットワーク。
エクストラネット	複数のイントラネットを接続して構築された組織外の広域ネットワーク。

正解 **ア**

ネットワーク

でる度 ★★☆

Q205 **ハブと呼ばれる集線装置を中心として，放射状に複数の通信機器を接続するLANの物理的な接続形態はどれか。**

ア スター型　　**イ** バス型
ウ メッシュ型　　**エ** リング型

サクッと正解

ハブを中心にしたLANの接続形態は，**スター型**である。

イモヅル式解説

コンピュータネットワークの接続形態を，ネットワークトポロジという。**ハブ**は，PCなどの機器をLAN〔➡Q203〕へ接続するために使われるケーブルの集線装置である。

スター型（**ア**）は，ハブを中心に放射状に複数の通信機器を接続する形態である。そのほかの選択肢の接続形態も理解しておこう。

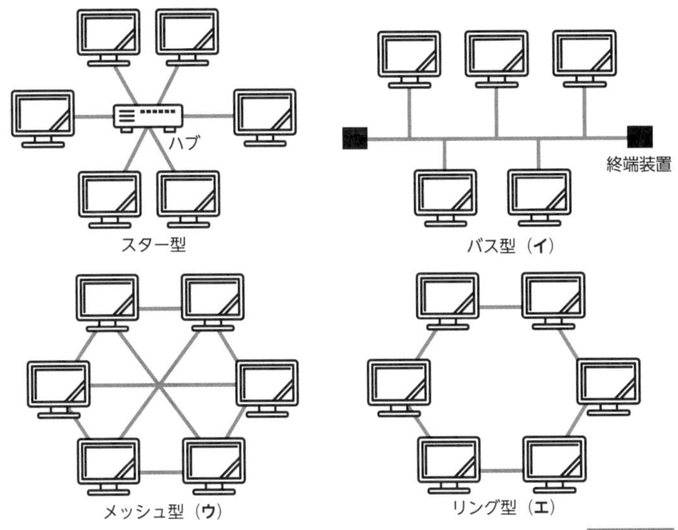

正解 **ア**

でる度★★★

Q 206 **PoEの説明として，適切なものはどれか。**

ア　LANケーブルを使って電力供給する技術であり，電源コンセントがない場所に無線LANのアクセスポイントを設置する場合などで利用される。
イ　既設の電気配線を利用してLANを構築できる技術であり，新たにLANケーブルを敷設しなくてもよい。
ウ　グローバルアドレスとプライベートアドレスを自動的に変換して転送する技術であり，社内LANとインターネットとの境界部で使われる。
エ　通信速度や通信モードを自動判別する技術であり，異なるイーサネット規格が混在しているLAN環境で，ネットワーク機器の最適な通信設定を自動的に行える。

サクッと正解

PoEとは，LANケーブルを使って電力供給する技術のこと。

イモヅル式解説

PoE〈=Power over Ethernet〉は，LANケーブルを使って電力供給する技術であり，電源コンセントがない場所に無線LAN〔➡Q208〕のアクセスポイントを設置する場合などで利用される（**ア**）。

- 既設の電気配線を利用してLANを構築できる技術であり，新たにLANケーブルを敷設しなくてもよい（**イ**）のは，PLC〈=Power Line Communication；電力線通信〉である。
- グローバルアドレスとプライベートアドレスを自動的に変換して転送する技術であり，社内LANとインターネットとの境界部で使われる（**ウ**）のは，NAT〈=Network Address Translation〉である。
- 通信速度や通信モードを自動判別する技術であり，異なるイーサネット規格が混在しているLAN環境で，接続する相手によってネットワーク機器の最適な通信設定を自動的に行える（**エ**）のは，オートネゴシエーションの機能である。

正解　**ア**

Q207 **PC1をインターネットに接続するための設定を行いたい。PC1のネットワーク設定項目の一つである「デフォルトゲートウェイ」に設定するIPアドレスは，どの機器のものか。**

ア　ルータ
イ　ファイアウォール
ウ　DHCPサーバ
エ　プロキシサーバ

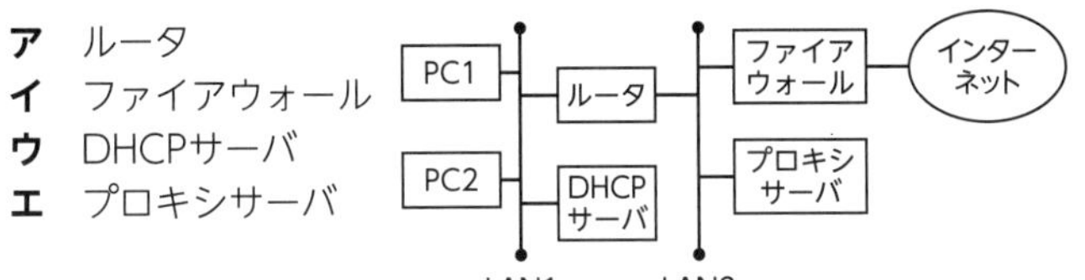

サクッと正解

デフォルトゲートウェイは，LAN1とLAN2を接続しているルータのIPアドレスである。

イモヅル式解説

デフォルトゲートウェイは，あるネットワークに属するPCが，別のネットワークに属するサーバにデータを送信する際，PCが送信相手のサーバに対する特定の経路情報をもっていないときの送信先としてIPアドレス〔➡**Q203**〕を設定しておく機器である。

設問では，PC1はLAN1に属している。LAN1と，インターネットに接続しているLAN2を接続している**ルータ**（**ア**）のIPアドレスを設定すればよい。そのほかの選択肢もまとめて覚えよう。

ファイアウォール（**イ**）	外部からの不正アクセスを防ぐため，内部ネットワークと外部ネットワークの間に設置するソフトウェアまたはハードウェア。
DHCP〈=**Dynamic Host Configuration Protocol**〉**サーバ**（**ウ**）	PCがネットワークに接続されたとき，IPアドレスを自動的に割り当てるために使用されるサーバ。
プロキシサーバ（**エ**）	内部ネットワークにある端末の要求に応じて，インターネットへのアクセスを代わりに中継するサーバ。

イモヅル復習問題 ➡ Q202

正解　**ア**

でる度★★☆

Q 208 **無線LANに関する記述のうち，適切なものはどれか。**

ア アクセスポイントの不正利用対策が必要である。
イ 暗号化の規格はWPA2に限定されている。
ウ 端末とアクセスポイント間の距離に関係なく通信できる。
エ 無線LANの規格は複数あるが，全て相互に通信できる。

サクッと正解

無線LANのアクセスポイントは，不正利用対策が必要である。

イモヅル式解説

無線LANは，無線通信を利用してデータの送受信を行うLAN〔➡Q203〕の仕組みである。物理的なケーブルでつながっているわけではないので，アクセスポイントの不正利用対策が必要である（**ア**）。

具体的な対策としては，アクセスポイントに接続する際にパスワードを設けたり，機器の識別番号である**MACアドレス**で制限をしたり，ネットワークアドレスである**SSID**を秘匿したり，暗号化するなど，様々な方法がある。

そのほかの選択肢の内容も確認しておこう。

- 暗号化の技術は**WPA2**〈=Wi-Fi Protected Access 2〉やWPA3など様々な規格があり，WPA2に限定されている（**イ**）わけではない。
- 無線LANの端末とアクセスポイント間の通信可能距離は50m～100m程度とされ，距離に関係なく通信できる（**ウ**）わけではない。
- 無線LANのIEEE 802.11シリーズは**Wi-Fi**と呼ばれる規格として普及しているが，すべて相互に通信できる（**エ**）わけではない。

ちょっと深掘り Wi-Fi

無線LANで使われるIEEE 802.11規格対応製品の普及を目指す業界団体により，相互接続性が確認できた機器だけに与えられるブランド名のこと。

正解 **ア**

Q 209 **IoTシステム向けに使われる無線ネットワークであり，一般的な電池で数年以上の運用が可能な省電力性と，最大で数十kmの通信が可能な広域性を有するものはどれか。**

ア LPWA　**イ** MDM　**ウ** SDN　**エ** WPA2

サクッと正解

Low Power（省電力性）で，Wide Area（広域性）を有する無線通信規格は，**LPWA**である。

イモヅル式解説

IoT〈=Internet of Things〉〔➡**Q072**〕システムは，センサ〔➡**Q166**〕を搭載した機器や制御装置などが直接インターネットにつながり，それらがネットワークを通じて様々な情報をやり取りする仕組みである。

LPWA〈=Low Power Wide Area〉（**ア**）は，省電力であることと広範囲に通信可能であることを特徴とする無線通信規格である。一般的な電池で数年以上の運用が可能な省電力性と，最大で数十kmの通信が可能な広域性を有する。そのほかの選択肢もまとめて覚えよう。

MDM〈=Mobile Device Management〉（**イ**）〔➡**Q237**〕	モバイル端末の状況の監視，リモートロックや遠隔データ削除ができるエージェントソフトの導入などにより，企業のシステム管理者による適切な端末管理を実現すること。
SDN〈=Software-Defined Networking〉（**ウ**）	データ転送と経路制御の機能を論理的に分離し，データ転送に特化したネットワーク機器と，ソフトウェアによる経路制御の組合せで実現するネットワーク技術。
WPA2（**エ**）〔➡**Q208**〕	無線LAN〔➡**Q208**〕の暗号化方式。

ちょっと深掘り SIMカード

SIM〈=Subscriber Identity Module〉カードとは，携帯電話機などに差し込んで使用する，電話番号や契約者IDなどが記録されたICカードのこと。

➡ **Q208**

正解 **ア**

でる度★★☆

Q 210 **LTEよりも通信速度が高速なだけではなく，より多くの端末が接続でき，通信の遅延も少ないという特徴をもつ移動通信システムはどれか。**

ア ブロックチェーン　**イ** MVNO　**ウ** 8K　**エ** 5G

サクッと正解

第5世代（5th Generation）の移動通信システムは，**5G**である。

イモヅル式解説

5G（エ）は，4G（LTE）の次世代に当たる第5世代の移動通信システムの規格である。高速・大容量，低遅延，多数の端末との接続という特徴をもっている。

ブロックチェーン（ア）〔➡Q228〕は，複数の取引記録をまとめたデータを作成するとき，そのデータに直前のデータのハッシュ値〔➡Q233〕を埋め込むことにより，データを相互に関連付け，取引記録を矛盾なく，改ざんを困難にすることで，データの信頼性を高める技術である。

MVNO（イ）は，ほかの事業者の移動体通信網を借用し，自社ブランドで通信サービスを提供する仮想移動体通信事業者である。

8K（ウ）〔➡Q172〕は，フルハイビジョン（2K）や4K（3,840×2,160）〔➡Q172〕を超える超高画質（7,680×4,320）の映像規格である。

ちょっと深掘り　モバイル通信に関連する事業者

MNO〈=Mobile Network Operator〉	携帯電話などの移動体通信網を自社でもち，自社ブランドで通信サービスを提供する移動体通信事業者。
MVNO〈=Mobile Virtual Network Operator〉	ほかの事業者の移動体通信網を借用し，自社ブランドで通信サービスを提供する仮想移動体通信事業者。
MVNE〈=Mobile Virtual Network Enabler〉	MVNOのために，移動体通信網の調達や課金システムの構築，端末の開発支援サービスなどを行う仮想移動体サービス提供者。

正解　エ

でる度★★★

Q211

IoTデバイス，IoTゲートウェイ及びIoTサーバで構成された，温度・湿度管理システムがある。IoTデバイスとその近傍に設置されたIoTゲートウェイとの間を接続するのに使用する，低消費電力の無線通信の仕様として，適切なものはどれか。

ア BLE　**イ** HEMS
ウ NUI　**エ** PLC

サクッと正解

IoTデバイスとIoTゲートウェイとの間を接続する，低消費電力の無線通信の仕様は，**BLE**である。

イモヅル式解説

BLE〈=Bluetooth Low Energy〉（**ア**）は，Bluetoothを拡張させた仕様の無線通信技術。IoT〔➡**Q072**〕などで活用され，IoTデバイスと**IoTゲートウェイ**〔➡**Q166**〕などの間を**低消費電力**で接続できる。近距離のIT機器同士が通信する**無線PAN**〈=Personal Area Network〉と呼ばれるネットワークなどでも利用されている。

- **HEMS**〈=Home Energy Management System〉（**イ**）は，家庭で使う家電製品などをネットワークでつなぎ，電力消費の可視化や最適化，自動制御などを行うシステムである。
- **NUI**〈=Natural User Interface〉（**ウ**）とは，手の動きや視線，音声など，人間の自然な動きでコンピュータを操作できる技術のこと。
- **PLC**〈=Power Line Communication〉（**エ**）〔➡**Q206**〕は，**電力線**に情報信号を乗せ，通信回線として使用する技術である。

ちょっと深掘り **LPWA**

LPWA〈=Low Power Wide Area〉〔➡**Q209**〕とは，省電力で広範囲の通信をカバーできる無線通信の規格。IoT機器からデータ収集などを行う際に用いられ，数十kmほどの範囲で無線通信を行うことが可能である。

イモヅル復習問題 ➡**Q206**　　正解 **ア**

でる度★★★

Q 212 複数の異なる周波数帯の電波を束ねることによって，無線通信の高速化や安定化を図る手法はどれか。

ア　FTTH　　　　　　イ　MVNO
ウ　キャリアアグリゲーション　　エ　ハンドオーバ

サクッと正解

複数の異なる周波数帯の電波を束ねる手法は，**キャリアアグリゲーション**である。

イモヅル式解説

キャリアアグリゲーション（ウ）は，複数の異なる周波数帯の電波を束ねることにより，通信速度の向上や高速通信の安定化を図る手法である。そのほかの選択肢もまとめて覚えよう。

FTTH〈=Fiber To The Home〉（ア）	光ファイバを使った家庭向けの通信サービスの形態。
MVNO（イ）〔➡Q210〕	ほかの事業者の移動体通信網を借用し，自社ブランドで通信サービスを提供する仮想移動体通信事業者。
ハンドオーバ（エ）	移動中にアクセスポイントや基地局の切替えを行うこと。

ちょっと深掘り　通信に関する主な用語

オンラインストレージ	インターネット経由でデータ保管のディスク領域を貸し出すサービス。
テザリング	通信端末をモバイルルータのように利用し，PCなどをインターネットに接続する機能。
クローラ	全文検索型の検索エンジンの検索データベースを作成する際に用いられ，Webページを自動的に巡回・収集するソフトウェア。
W3C〈=World Wide Web Consortium〉〔➡Q038〕	インターネットで使用される技術の標準化を推進する非営利団体。

正解　ウ

でる度★★★

Q213 **複数のIoTデバイスとそれらを管理するIoTサーバで構成されるIoTシステムにおける，エッジコンピューティングに関する記述として，適切なものはどれか。**

ア IoTサーバ上のデータベースの複製を別のサーバにも置き，両者を常に同期させて運用する。

イ IoTデバイス群の近くにコンピュータを配置して，IoTサーバの負荷低減とIoTシステムのリアルタイム性向上に有効な処理を行わせる。

ウ IoTデバイスとIoTサーバ間の通信負荷の状況に応じて，ネットワークの構成を自動的に最適化する。

エ IoTデバイスを少ない電力で稼働させて，一般的な電池で長期間の連続運用を行う。

サクッと正解

エッジコンピューティングでは，IoTデバイス群の近くにコンピュータを配置し，処理を行わせる。

イモヅル式解説

エッジコンピューティングは，製造現場など，端末と近い距離にサーバを分散して配置するネットワーク技術である。中央のサーバにデータや処理などを集積するクラウドコンピューティング〔➡Q068〕の対義語のような位置付けになる。エッジコンピューティングは，通信環境に左右されにくく，ネットワークの負荷が減ることで，リアルタイム性や情報セキュリティへの対応として有効とされる。

- IoT〔➡Q072〕サーバ上のデータベースを複製し，同期させて運用する（**ア**）のは，レプリケーション〔➡Q197〕である。
- IoTデバイスとIoTサーバ間の通信負荷の状況に応じて，ネットワークの構成を自動的に最適化する（**ウ**）のは，SDN〔➡Q209〕やNFV〈=Network Functions Virtualization〉などの機能である。
- IoTデバイスを少ない電力で，長期間の連続運用を行う（**エ**）のは，LPWA〔➡Q209〕やBLE〈=Bluetooth Low Energy〉〔➡Q211〕である。

正解 **イ**

でる度 ★★★

Q 214

ISMSの計画，運用，パフォーマンス評価及び改善において，パフォーマンス評価で実施するものはどれか。

ア 運用の計画及び管理　**イ** 内部監査
ウ 不適合の是正処置　**エ** リスクの決定

サクッと正解

ISMSにおいて，パフォーマンス評価のフェーズで実施するものは，**内部監査**などである。

イモヅル式解説

ISMS〈＝Information Security Management System〉とは，JIS Q 27001（ISO/IEC 27001）の基となった規格。Information Security Management（**情報セキュリティマネジメント**）とは，組織が情報資産を適切に管理し，外部に流出しないように保護するとともに，利用しやすい状態で運用するための取組みである。

ISMSのPDCAサイクル〔➡Q124〕には，①**計画**，②**運用**，③**パフォーマンス評価**，④**改善**の4つのフェーズがある。ISMSを構築する組織は，保護すべき情報資産を特定し，リスク対策を決めて取り組んでいく。パフォーマンス評価のフェーズで実施されるのは，組織内の人員で行われる**内部監査**（**イ**）などである。

- 運用の計画及び管理（**ア**）は，運用のフェーズで実施される。
- 不適合に対する是正処置（**ウ**）は，改善フェーズで実施される。
- リスクの決定（**エ**）やリスクの見積りなどのリスクアセスメント〔➡Q224〕は，計画フェーズで実施される。

ちょっと深掘り　そのほかの国際規格

ISO/IEC 9126	ソフトウェア品質の評価に関する国際規格。
ISO/IEC 20000	組織のITサービスマネジメントシステム（ITSMS）に関する国際標準規格。

正解　**イ**

でる度★★☆

Q 215 内外に宣言する最上位の情報セキュリティポリシに記載することとして，最も適切なものはどれか。

ア 経営陣が情報セキュリティに取り組む姿勢
イ 情報資産を守るための具体的で詳細な手順
ウ セキュリティ対策に掛ける費用
エ 守る対象とする具体的な個々の情報資産

サクッと正解 

情報セキュリティポリシでは，経営陣が情報セキュリティに取り組む姿勢を宣言する。

イモヅル式解説 

情報セキュリティポリシは，**基本方針**と**対策基準**で構成される。一般的に，組織全体のルールから，どの情報資産をどの脅威からどう守るのかという基本的な姿勢や宣言（**ア**），セキュリティを確保するための体制などを記載する。

- 情報資産を守るための具体的で詳細な手順（**イ**）は，実施手順や運用規則，各部署におけるマニュアルなどに記載することである。
- セキュリティ対策の費用（**ウ**）や，守る対象とする情報資産（**エ**）も，情報セキュリティポリシに記載する事項ではない。

ちょっと深掘り 様々な脅威と攻撃手法1

ワンクリック詐欺	Webサイトの閲覧や画像のクリックだけで料金を請求する詐欺の手法。
ゼロデイ攻撃	ソフトウェアの脆弱性への対策が公開される前に，脆弱性を悪用する攻撃手法。
MITB〈=Man In The Browser〉攻撃	オンラインバンキングにおいて，マルウェアなどでWebブラウザを乗っ取り，取引画面の間に不正な画面を介在させ，振込先情報を不正に書き換え，指定した口座に送金させるなどの不正操作を行う攻撃手法。

正解 **ア**

でる度 ★★★

Q216

情報セキュリティの三大要素である機密性，完全性及び可用性に関する記述のうち，最も適切なものはどれか。

ア　可用性を確保することは，利用者が不用意に情報漏えいをしてしまうリスクを下げることになる。

イ　完全性を確保する方法の例として，システムや設備を二重化して利用者がいつでも利用できるような環境を維持することがある。

ウ　機密性と可用性は互いに反する側面をもっているので，実際の運用では両者をバランスよく確保することが求められる。

エ　機密性を確保する方法の例として，データの滅失を防ぐためのバックアップや誤入力を防ぐための入力チェックがある。

サクッと正解

機密性と**可用性**は互いに反する場合があり，バランスが大事である。

イモヅル式解説

情報セキュリティの三大要素は，機密性〔➡Q125〕・完全性・可用性〔➡Q126〕である。

機密性（Confidentiality）	許可されたユーザだけが情報にアクセスできる。
完全性（Integrity）	情報が完全であり，改ざん・破壊されていない。
可用性（Availability）	ユーザが必要なときに必要なだけ利用可能である。

- 利用者が不用意に情報漏えいをしてしまうリスクを下げることになる（**ア**）のは，**機密性**の確保である。
- システムや設備を二重化して利用者がいつでも利用できるような環境を維持する（**イ**）のは，**可用性**を確保する方法の例である。
- **機密性**を重視しすぎると使いにくくて不便になり，**可用性**が低下する場合がある。いつでも使えるように**可用性**を安易に高めすぎると，**機密性**が低下する場合がある。実際の運用では**機密性**と**可用性**の両者をバランスよく確保することが求められる（**ウ**）。
- データの滅失を防ぐためのバックアップや誤入力を防ぐための入力チェック（**エ**）は，**完全性**を確保する方法の例である。

正解　**ウ**

でる度★★☆

Q 217

企業での内部不正などの不正が発生するときには，“不正のトライアングル”と呼ばれる3要素の全てがそろって存在すると考えられている。“不正のトライアングル”を構成する3要素として，最も適切なものはどれか。

ア 機会，情報，正当化　**イ** 機会，情報，動機
ウ 機会，正当化，動機　**エ** 情報，正当化，動機

サクッと正解

不正のトライアングルは，機会，正当化，動機である。

イモヅル式解説

不正のトライアングルとは，不正行動は，**機会**，**正当化**，**動機**（ウ）の3つの要素が揃ったときに発生するという理論のこと。

機会	情報システムなどの技術や，物理的な環境，組織のルールなど，内部者による不正行為の実行を可能または容易にする状態。
正当化	良心のかしゃくを乗り越える都合のよい解釈や，他人への責任転嫁など，内部者が自ら不正行為を納得させるための自分勝手な理由付け。
動機	行動を起こす心理的な要因。過重なノルマによる重圧などのプレッシャーも含まれる。

ちょっと深掘り　様々な脅威と攻撃手法2

SQLインジェクション〔➡Q221〕	Webアプリケーションに問題があるとき，データベースに悪意のある問合せや操作を行う命令文を入力し，データの改ざんや不正取得などを行う攻撃手法。
サニタイジング	SQLインジェクションの対策などに用いられ，処理の誤動作を招かないように，利用者がWebサイトに入力した有害な文字列を無害な文字列に置き換える対策。

正解　ウ

Q218

サイバーキルチェーンの説明として，適切なものはどれか。

ア　情報システムへの攻撃段階を，偵察，攻撃，目的の実行などの複数のフェーズに分けてモデル化したもの

イ　ハブやスイッチなどの複数のネットワーク機器を数珠つなぎに接続していく接続方式

ウ　ブロックと呼ばれる幾つかの取引記録をまとめた単位を，一つ前のブロックの内容を示すハッシュ値を設定して，鎖のようにつなぐ分散管理台帳技術

エ　本文中に他者への転送を促す文言が記述された迷惑な電子メールが，不特定多数を対象に，ネットワーク上で次々と転送されること

サクッと正解

サイバーキルチェーンは，攻撃を複数に分けてモデル化した考え方。

イモヅル式解説

サイバーキルチェーンとは，情報システムへの**攻撃段階**を，①偵察，②武器化，③配送，④攻撃，⑤インストール，⑥遠隔操作，⑦目的実行の７つのフェーズに分けてモデル化したもの（**ア**）である。それぞれの段階に応じた**セキュリティ対策**を講じるために用いられる。

「～チェーン」の付く用語をまとめて確認しよう。

デイジーチェーン	ハブ〔➡Q205〕やスイッチなどの複数のネットワーク機器を数珠つなぎに接続していく接続方式（**イ**）。
ブロックチェーン〔➡Q228〕	取引記録をまとめた単位（**ブロック**）を，1つ前の内容を示すようにハッシュ値〔➡Q233〕を設定し，鎖のようにつなぐ**分散管理台帳技術**（**ウ**）。
チェーンメール	文面に他者への転送を促す文言が記述された迷惑メールが，不特定多数を対象に次々と転送されること（**エ**）。
バリューチェーン	企業の提供する製品やサービスの付加価値が，事業活動のどこで生み出されているかを分析するための考え方。

正解　**ア**

でる度★★★

Q219 攻撃者が他人のPCにランサムウェアを感染させる狙いはどれか。

ア PC内の個人情報をネットワーク経由で入手する。
イ PC内のファイルを使用不能にし，解除と引換えに金銭を得る。
ウ PCのキーボードで入力された文字列を，ネットワーク経由で入手する。
エ PCへの動作指示をネットワーク経由で送り，PCを不正に操作する。

サクッと正解

ランサムウェアに感染させることで，PCを使用できなくして，解除と引換えに金銭を得ようとする。

イモヅル式解説

ランサムウェアは，PC内のファイルを操作不能にしたり，暗号化して使用できなくしたりして，解除や復号をするためのキーと引換えに金品を要求する（**イ**）ソフトウェアである。

- PC内の個人情報を入手する（**ア**）のは，**スパイウェア**である。
- PCのキーボードで入力された文字列を，ネットワーク経由で入手する（**ウ**）ソフトウェアは，**キーロガー**と呼ばれる。
- PCへの動作指示をネットワーク経由で送り，PCを不正に操作する（**エ**）ソフトウェアは，**ボット**〔➡Q221〕である。

ちょっと深掘り 主なマルウェアやウイルス

ワーム	自ら感染を広げる機能をもち，ネットワークを経由して蔓延していくソフトウェア。
マクロウイルス	アプリケーションソフトのマクロ機能を利用してデータファイルに感染する。
トロイの木馬	有用なソフトウェアに見せかけ，配布後，システムの破壊や個人情報の詐取など，悪意ある動作をする。

正解 **イ**

でる度★★☆

Q 220

脆弱性のあるIoT機器が幾つかの企業に多数設置されていた。その機器の1台にマルウェアが感染し，他の多数のIoT機器にマルウェア感染が拡大した。ある日のある時刻に，マルウェアに感染した多数のIoT機器が特定のWebサイトへ一斉に大量のアクセスを行い，Webサイトのサービスを停止に追い込んだ。このWebサイトが受けた攻撃はどれか。

ア DDoS攻撃　**イ** クロスサイトスクリプティング
ウ 辞書攻撃　**エ** ソーシャルエンジニアリング

サクッと正解

不特定多数の機器を操り，Webサービスを提供不能にしようとする攻撃は，**DDoS攻撃**である。

イモヅル式解説

DDoS〈=Distributed Denial of Service〉**攻撃**（**ア**）は，不特定多数のIoT機器やPCなどをウイルスに感染させて操り，電子メールやWebリクエストなどを大量に送り付けて，標的のサービスを提供不能にする攻撃である。そのほかの選択肢もまとめて覚えよう。

クロスサイトスクリプティング〈=Cross Site Scripting；XSS〉（**イ**）	Webサイトの運営者が意図しないスクリプトを含むデータであっても，利用者のWebブラウザに送信してしまう，脆弱性を利用した攻撃。
辞書攻撃（**ウ**）	辞書データなどからパスワードになりそうな単語を入力し，パスワード解読を試みる攻撃手法。
ソーシャルエンジニアリング（**エ**）	技術的な手段ではなく，人とのつながり，心理的な隙や不注意に付け込んで機密情報などを不正に入手しようとする行為。

正解 ア

でる度★★★

Q 221

インターネットにおいてドメイン名とIPアドレスの対応付けを行うサービスを提供しているサーバに保管されている管理情報を書き換えることによって，利用者を偽のサイトへ誘導する攻撃はどれか。

ア DDoS攻撃　**イ** DNSキャッシュポイズニング
ウ SQLインジェクション　**エ** フィッシング

サクッと正解

ドメイン名とIPアドレスの対応付けを不正に書き換える攻撃は，**DNSキャッシュポイズニング**である。

イモヅル式解説

DNSキャッシュポイズニング（イ）は，インターネットの「impress.co.jp」や「rakupass.com」のような**ドメイン名**と，数字の羅列である**IPアドレス**〔➡Q203〕の対応付けを行う**DNSサーバ**の管理情報を書き換え，偽装されたWebサーバに利用者を誘導する攻撃手法である。

DoS攻撃とは，標的サイトに大量のパケットを送り付け，ネットワークトラフィックを異常に高めてサービスを提供不能にする攻撃。**DDoS攻撃**（ア）は，多数のPCに遠隔操作が可能な不正プログラム（**ボット**）を侵入させ，DoS攻撃などを一斉に行う攻撃手法である。

SQLインジェクション（ウ）は，Webアプリケーションのデータ操作言語の呼出しに不備がある場合，攻撃者が悪意をもって構成した文字列を入力することで，データベースのデータの不正取得，改ざん，消去などを実行する攻撃手法である。**フィッシング**（エ）は，金融機関などからの電子メールを装い，偽サイトに誘導して暗証番号やクレジットカード番号などを不正に取得する攻撃手法である。

ちょっと深掘り クロスサイトスクリプティング

悪意のあるスクリプトが埋め込まれたWebページに利用者が訪問し，ユーザIDやパスワード，個人情報などを入力・送信すると，埋め込まれたスクリプトが実行され，それらの情報が攻撃者に送信される攻撃手法〔➡Q220〕。

イモヅル復習問題 ➡ Q220　　正解 イ

Q222 シャドーITの例として，適切なものはどれか。

ア　会社のルールに従い，災害時に備えて情報システムの重要なデータを遠隔地にバックアップした。

イ　他の社員がパスワードを入力しているところをのぞき見て入手したパスワードを使って，情報システムにログインした。

ウ　他の社員にPCの画面をのぞかれないように，離席する際にスクリーンロックを行った。

エ　データ量が多く電子メールで送れない業務で使うファイルを，会社が許可していないオンラインストレージサービスを利用して取引先に送付した。

サクッと正解

シャドーITとは，組織が許可していないIT機器やサービスを利用すること。

イモヅル式解説

シャドーITは，本来は許可が必要にもかかわらず，**許可を得ずに**業務内で利用されるデバイスやソフトウェア，クラウドサービスなどの総称である。会社が許可していないオンラインストレージサービスを利用して取引先に送付する（エ）ことは，シャドーITに該当する。

- 会社のルールに従い，災害時に備えて情報システムの重要なデータを遠隔地にバックアップする（ア）ことは，事業継続計画である**BCP**〈=Business Continuity Plan〉〔➡Q007〕の例である。
- ほかの社員のパスワード入力をのぞき見て入手したパスワードを使い，情報システムにログインする（イ）ことは，技術的な手段ではなく，人の行動や心理の隙を狙う**ソーシャルエンジニアリング**〔➡Q220〕の例。
- 離席時にスクリーンロックを行う（ウ）などの**クリアスクリーン**は，ソーシャルエンジニアリングの防止につながる。離席時にデスク上に書類や記憶媒体などを放置しないことを**クリアデスク**という。

イモヅル復習問題 ➡Q007，Q071　　正解　エ

でる度★★★

Q 223

情報セキュリティのリスクマネジメントにおけるリスク対応を，リスクの移転，回避，受容及び低減の四つに分類するとき，リスクの低減の例として，適切なものはどれか。

ア　インターネット上で，特定利用者に対して，機密に属する情報の提供サービスを行っていたが，情報漏えいのリスクを考慮して，そのサービスから撤退する。

イ　個人情報が漏えいした場合に備えて，保険に加入する。

ウ　サーバ室には限られた管理者しか入室できず，機器盗難のリスクは低いので，追加の対策は行わない。

エ　ノートPCの紛失，盗難による情報漏えいに備えて，ノートPCのHDDに保存する情報を暗号化する。

サクッと正解

リスクの**低減**策として，ノートPCのHDDの暗号化などを行う。

イモヅル式解説

選択肢を，リスクの移転，回避，受容，低減の4つに分類すると，下表のようになる。

リスク移転	保険に加入する（**イ**）など，リスクが顕在化したときの損失を他者に移転する。
リスク回避	情報漏えいのリスクを考慮して情報提供サービスから撤退する（**ア**）など，リスク要因を排除する。
リスク受容	管理者しか入室できない部屋での機器盗難（**ウ**）など，発生確率が低い場合や対策にコストがかかりすぎる場合など，リスクを承知してあえて何もしない。
リスク低減	ノートPCの紛失による情報漏えいに備えてHDDのデータを暗号化（**エ**）したり，セキュリティ対策により問題発生の可能性を下げたりするなど，リスクが顕在化する確率や損失を小さくする。

正解　**エ**

でる度★★★

Q224 次の作業a～dのうち，リスクマネジメントにおける，リスクアセスメントに含まれるものだけを全て挙げたものはどれか。

a　リスク特定
b　リスク分析
c　リスク評価
d　リスク対応

ア　a，b　**イ**　a，b，c　**ウ**　b，c，d　**エ**　c，d

サクッと正解

リスク**アセスメント**＝リスク特定＋リスク分析＋リスク評価

イモヅル式解説

リスクマネジメント〔➡Q116〕における**リスクアセスメント**とは，**リスク特定**（a），**リスク分析**（b）及び**リスク評価**（c）を行い，基準に照らして対応が必要かどうかを判断するプロセス全体のこと。

リスク特定	潜在的なリスクを発見，認識，記述する。
リスク分析	リスクの特質を理解し，リスクの大きさのレベルを決定する。
リスク評価	リスクの大きさが受容可能か，または許容可能かを決定するために，リスク分析の結果をリスク基準と比較する。

リスク対応（d）は，リスクアセスメントの結果，明らかになったリスクに対策を講じることである。

ちょっと深掘り　リスクコントロールとリスクファイナンシング

リスクコントロールとは，潜在的なリスクへの対応として，リスクの回避や低減，保険をかけて経済的な損失をなくそうとするリスクの移転などの対策を講じること。また，リスクファイナンシングは，リスクの顕在化に備え，損失補てんなどの資金確保に関する対策を講じることである。

正解　イ

でる度★★★

Q225 **バイオメトリクス認証の例として，適切なものはどれか。**

ア 本人の手の指の静脈の形で認証する。
イ 本人の電子証明書で認証する。
ウ 読みにくい文字列が写った画像から文字を正確に読み取れるかどうかで認証する。
エ ワンタイムパスワードを用いて認証する。

サクッと正解

バイオメトリクス認証とは，静脈の形で認証するなどの生体認証のこと。

イモヅル式解説

バイオメトリクス認証は，手の指の静脈の形（**ア**）などの身体的特徴を抽出したり，ペンで署名するときの速度や筆圧などの行動的特徴を抽出したりすることによって認証を行う**生体認証**である。

そのほかの選択肢の内容も確認しておこう。

- 電子証明書（**イ**）は，発行した**認証局**〈=Certification Authority；CA〉の保証により，**公開鍵**〔➡**Q234**〕の所有者を証明するものである。
- 読みにくい文字列が写った画像から文字を正確に読み取れるかどうか（**ウ**）を試すのは，Webサイトなどにおいて，コンピュータではなく人間がアクセスしていることを確認する**CAPTCHA**と呼ばれる仕組みである。
- **ワンタイムパスワード**（**エ**）とは，トークン〔➡**Q184**〕と呼ばれる装置などを用いて生成される1回限りのパスワードのこと。パスワードの漏えいによる**なりすまし**などのリスクを低減できる。

ちょっと深掘り **ファジング**

検査対象の製品やソフトウェアにテストデータを送り，応答や挙動などから脆弱性を検出しようとする手法のこと。

正解 **ア**

でる度★★★

Q226

サーバ室など，セキュリティで保護された区画への入退室管理において，一人の認証で他者も一緒に入室する共連れの防止対策として，利用されるものはどれか。

ア　アンチパスバック
イ　コールバック
ウ　シングルサインオン
エ　バックドア

サクッと正解

制限された区画への共連れによる進入を防ぐ対策には，**アンチパスバック**などがある。

イモヅル式解説

情報セキュリティにおける**共連れ**とは，進入が制限されている区画へ入る際，許可されている人のあとに続き，制限されている人が一緒に入るという不正行為である。**パスバック**とは，あとから入る人のためにドアやゲートなどを開けておく行為のこと。逆に**アンチパスバック**（**ア**）は，入室記録のない身分証での退出や，退出記録のない身分証による入室などを防ぐ機能であり，共連れによる入室を防止できる。

- **コールバック**（**イ**）は「かけ直す」という意味で，受信側が通信を切断したあと，発信側に接続し直し，接続を確立する方法である。
- **シングルサインオン**（**ウ**）〔➡**Q184**〕は，最初に認証に成功すると，その後は許可された複数のサービスに対して，利用者が認証の手続きをしなくとも利用できるようにする仕組みである。
- **バックドア**（**エ**）は，不正に侵入したコンピュータやネットワークなどに，再び侵入できるように仕掛けられた不正な侵入経路である。

ちょっと深掘り　ワンタイムパスワード

利用者が認証の際に使用するパスワードとして，一度しか使えない使捨てのパスワードを使うことで，不正アクセスを防止する仕組み〔➡**Q225**〕。

正解　**ア**

Q□□□ 227

資産A～Dの資産価値，脅威及び脆弱性の評価値が表のとおりであるとき，最優先でリスク対応するべきと評価される資産はどれか。ここで，リスク値は，表の各項目を重み付けせずに掛け合わせることによって算出した値とする。

資産名	資産価値	脅威	脆弱性
資産A	5	2	3
資産B	6	1	2
資産C	2	2	5
資産D	1	5	3

ア　資産A
イ　資産B
ウ　資産C
エ　資産D

サクッと正解

リスク値＝**資産価値×脅威×脆弱性**

イモヅル式解説

設問の表から，各項目を重み付けせずに掛け合わせることによって算出した値を，リスク値として求める。

資産A：資産価値5×脅威2×脆弱性3＝リスク値30
資産B：資産価値6×脅威1×脆弱性2＝リスク値12
資産C：資産価値2×脅威2×脆弱性5＝リスク値20
資産D：資産価値1×脅威5×脆弱性3＝リスク値15

上記の計算から，最優先でリスク対応するべきと評価される資産は，リスク値が最も高い**資産A**であることがわかる。

正解　ア

でる度★★★

Q228

複数の取引記録をまとめたデータを順次作成するときに，そのデータに直前のデータのハッシュ値を埋め込むことによって，データを相互に関連付け，取引記録を矛盾なく改ざんすることを困難にすることで，データの信頼性を高める技術はどれか。

ア　LPWA　　イ　SDN
ウ　エッジコンピューティング　　エ　ブロックチェーン

サクッと正解

改ざんが困難な連続したデータの保管技術は，**ブロックチェーン**。

イモヅル式解説

ブロックチェーン（エ）は，ブロックと呼ばれるデータの単位を，チェーン（鎖）のようにリンクしていくことにより，データを保管する仕組みである。取引記録などをまとめたデータを作成するとき，そのデータと直前のデータのハッシュ値〔➡Q233〕を順次つなげて記録した分散型台帳を，ネットワーク上の多数のコンピュータで同期して保有・管理することにより，一部の台帳で取引データが改ざんされても，取引データの完全性と可用性〔➡Q126〕が確保される。

LPWA （ア）〔➡Q209〕	省電力であることと広範囲に通信可能であることを特徴とする無線通信規格。
SDN （イ）〔➡Q209〕	データ転送と経路制御の機能を論理的に分離し，データ転送に特化したネットワーク機器と，ソフトウェアによる経路制御の組合せで実現する技術。
エッジコンピューティング （ウ）〔➡Q213〕	端末と近い距離にサーバを分散して配置することで，通信の最適化を図るネットワーク技術。

ちょっと深掘り　仮想通貨（暗号資産）

ブロックチェーンの技術を基にしたディジタル通貨のこと〔➡Q080〕。不特定の者に対する代金の支払いなどに使用可能で，電子的に記録・移転できる。

イモヅル復習問題 ➡Q209

正解　エ

でる度★★☆

Q 229

IPA“組織における内部不正防止ガイドライン（第4版）”にも記載されている，内部不正防止の取組として適切なものだけを全て挙げたものはどれか。

a　システム管理者を決めるときには，高い規範意識をもつ者を一人だけ任命し，全ての権限をその管理者に集中させる。

b　重大な不正を犯した内部不正者に対しては組織としての処罰を検討するとともに，再発防止の措置を実施する。

c　内部不正対策は経営者の責任であり，経営者は基本となる方針を組織内外に示す“基本方針”を策定し，役職員に周知徹底する。

ア　a, b　**イ**　a, b, c　**ウ**　a, c　**エ**　b, c

サクッと正解

権限を一人だけに集中させるのは，**内部不正防止**において適切ではない。

イモヅル式解説

「組織における内部不正防止ガイドライン（第4版）」は，内部不正対策を効果的に実施できるようにIPAが作成しているガイドラインである。これに基づいて，選択肢を検討する。

- システム管理者の権限管理では，システム管理者を決めるときには，高い規範意識をもつ者を一人だけ任命したり，すべての権限をその管理者に集中させたりする（a）ことは誤りである。複数の者を任命し，**相互監視**の役割をもたせることが望ましい。
- 重大な不正を犯した内部不正者に対しては組織としての処罰を検討するとともに，**再発防止**の措置を実施する（b）のは，内部不正防止の取組みとして適切である。
- 内部不正対策は**経営者**の責任であり，基本となる方針を組織内外に示す“基本方針”を策定し，役職員に周知徹底する（c）のは，経営者の責任の明確化において適切である。

正解　**エ**

Q230

重要な情報を保管している部屋がある。この部屋への不正な入室及び室内での重要な情報への不正アクセスに関する対策として，最も適切なものはどれか。

ア　警備員や監視カメラによって，入退室確認と室内での作業監視を行う。

イ　室内では，入室の許可証をほかの人から見えない場所に着用させる。

ウ　入退室管理は有人受付とはせず，カード認証などの電子的方法だけにする。

エ　部屋の存在とそこで保管している情報を，全社員に周知する。

サクッと正解

部屋の**入退室管理**は，人（警備員など）とモノ（監視カメラなど）でダブルチェックすることが望ましい。

イモヅル式解説

重要な情報を保管している部屋で，警備員や監視カメラによって，入退室確認と室内での作業監視を行う（**ア**）のは，この部屋への不正な入室及び室内での重要な情報への**不正アクセス**に関する対策として適切である。そのほかの選択肢の内容も確認しておこう。

- 入室の許可証をほかの人から見えない場所に着用させる（**イ**）のは，その人が許可を得ているのかどうかが，ほかの人から判別しにくいので，適切ではない。
- **入退室管理**は有人受付とはせず，カード認証などの電子的方法だけにする（**ウ**）と，入退室カードを不正に取得したり，偽造されたりした場合に，不正入室を防ぐことができない。また，前に入室した人が後ろの人のためにドアを開けておくこと（**パスバック**〔➡Q226〕）も防ぐことができないので，適切ではない。
- 部屋の存在とそこで保管している情報を全社員に周知する（**エ**）のは，重要な情報を保管している部屋の存在を教えることになる。重要な情報への不正アクセスの対策としては，適切とはいえない。

正解　**ア**

でる度★★★

Q 231 IoT機器やPCに保管されているデータを暗号化するためのセキュリティチップであり，暗号化に利用する鍵などの情報をチップの内部に記憶しており，外部から内部の情報の取出しが困難な構造をもつものはどれか。

ア GPU　**イ** NFC　**ウ** TLS　**エ** TPM

サクッと正解

データを暗号化するためのセキュリティチップは，**TPM**である。

イモヅル式解説

TPM〈=Trusted Platform Module〉（**エ**）は，IoT機器やPCに保管されているデータを暗号化するためのセキュリティチップである。暗号化に利用する鍵などの情報をチップの内部に記憶しており，外部から内部の情報の取出しが困難な構造をもっている。

GPU〈=Graphics Processing Unit〉（**ア**）〔➡**Q157**〕	3次元グラフィックスの画像処理などをCPUに代わって高速で実行する演算装置。
NFC〈=Near Field Communication〉（**イ**）〔➡**Q160**〕	10cm程度の近距離での無線通信を行う国際標準規格。
TLS〈=Transport Layer Security〉（**ウ**）	PCとWebサーバ間の通信データを暗号化するとともに，利用者を認証できるようになるセキュリティプロトコル。

ちょっと深掘り　主なセキュリティ技術

DMZ〔➡**Q173**〕	企業内からも外部からも論理的に隔離されたネットワーク領域。外部からの不正アクセスによる被害が及ばないようにする。
SIEM〈=Security Information and Event Management〉	ログデータを一元的に管理し，監視者へのセキュリティ通知や相関分析を行うシステム。
SPF〈=Sender Policy Framework〉	受信した電子メールが正当な送信者のものであることを保証する送信ドメイン認証技術。

イモヅル復習問題 ➡ **Q157**

正解 **エ**

でる度★★★

Q232

情報セキュリティにおけるPCI DSSの説明として，適切なものはどれか。

ア クレジットカード情報を取り扱う事業者に求められるセキュリティ基準

イ コンピュータなどに内蔵されるセキュリティ関連の処理を行う半導体チップ

ウ コンピュータやネットワークのセキュリティ事故に対応する組織

エ サーバやネットワークの通信を監視し，不正なアクセスを検知して攻撃を防ぐシステム

サクッと正解

PCI DSSとは，クレジットカード事業者に対するセキュリティ基準。

イモヅル式解説

PCI DSS〈=Payment Card Industry Data Security Standard〉は，**クレジットカード**の会員データを安全に取り扱うことを目的に策定された，クレジットカード情報の保護に関するセキュリティ基準（**ア**）である。

TPM〈=Trusted Platform Module〉〔➡Q231〕	コンピュータなどに内蔵されるセキュリティ関連の処理を行う半導体チップ（**イ**）。
CSIRT〈=Computer Security Incident Response Team〉	情報漏えいなどのセキュリティ事故が発生した際，被害拡大防止のために活動する組織（**ウ**）。
IPS〈=Intrusion Prevention System〉	サーバやネットワークの通信を監視し，不正なアクセスを検知して攻撃を防ぐシステム（**エ**）。
IDS〈=Intrusion Detection System〉	サーバやネットワークの通信を監視し，侵入や侵害を検知した際に管理者へ通知するシステム。
SET〈=Secure Electronic Transaction〉	決済に使われるクレジットカード情報の暗号化や，認証局による正規ショップであることの証明などにより，取引の安全を確保する仕組み。

正解 **ア**

でる度★★☆

Q233 ディジタル署名やブロックチェーンなどで利用されているハッシュ関数の特徴に関する，次の記述中のa，bに入れる字句の適切な組合せはどれか。

ハッシュ関数によって，同じデータは，[a]ハッシュ値に変換され，変換後のハッシュ値から元のデータを復元することが[b]。

	a	b
ア	都度異なる	できない
イ	都度異なる	できる
ウ	常に同じ	できない
エ	常に同じ	できる

サクッと正解

同じデータは常に同じ**ハッシュ値**に変換され，**ハッシュ値**からは元のデータに復元できない。

イモヅル式解説

ハッシュ関数は，任意の長さのデータを入力すると，あらかじめ決まった長さのデータである**ハッシュ値**を生成する関数で，メッセージダイジェストとも呼ばれる。ハッシュ関数には次のような特徴がある。

- 入力するデータが同じなら，常に**同じ**ハッシュ値に変換される。
- 入力する元のデータが異なると，全く**違う**ハッシュ値になる。
- ハッシュ値から元のデータを**復元・推測**できないことから，ディジタル署名〔⇒Q235〕やブロックチェーン〔⇒Q228〕などに利用されている。

設問の空欄を埋めると，「ハッシュ関数によって，同じデータは，[常に同じ]ハッシュ値に変換され，変換後のハッシュ値から元のデータを復元することが[できない]」となる。

正解 **ウ**

でる度 ★★★

Q 234

公開鍵暗号方式で使用する鍵に関する次の記述中のa，bに入れる字句の適切な組合せはどれか。

それぞれ公開鍵と秘密鍵をもつA社とB社で情報を送受信するとき，他者に通信を傍受されても内容を知られないように，情報を暗号化して送信することにした。
A社からB社に情報を送信する場合，A社は［ a ］を使って暗号化した情報をB社に送信する。B社はA社から受信した情報を［ b ］で復号して情報を取り出す。

	a	b
ア	A社の公開鍵	A社の公開鍵
イ	A社の公開鍵	B社の秘密鍵
ウ	B社の公開鍵	A社の公開鍵
エ	B社の公開鍵	B社の秘密鍵

サクッと正解

受信者の公開鍵で暗号化し，受信者の秘密鍵で復号する。

イモヅル式解説

公開鍵暗号方式は，受信者の**公開鍵**で不特定多数が暗号化したメールを送信できるが，復号する鍵は受信者だけがもつ**秘密鍵**なので，内容が漏えいしない仕組み。設問では以下の手順でやり取りされる。
①送信者A社は，受信者B社の公開する公開鍵でデータを暗号化。
②送信者A社が暗号化したデータを，受信者B社に送信。
③受信者B社は，公開鍵に対応したB社の秘密鍵でデータを復号。

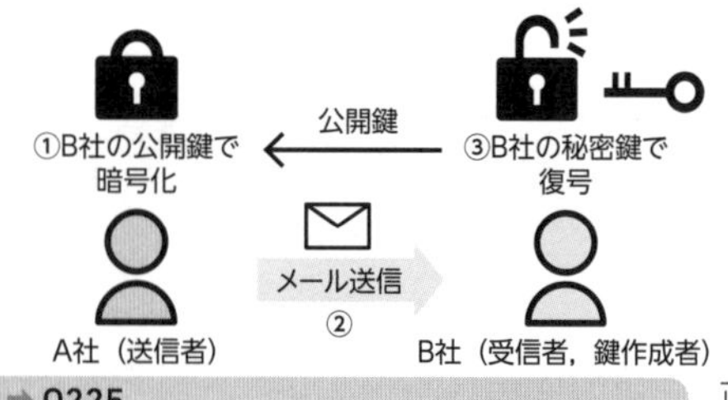

イモヅル復習問題 ➡ Q225

正解 エ

でる度★★★

Q235

部外秘とすべき電子ファイルがある。このファイルの機密性を確保するために使用するセキュリティ対策技術として，適切なものはどれか。

ア アクセス制御　**イ** タイムスタンプ
ウ ディジタル署名　**エ** ホットスタンバイ

サクッと正解

ファイルの機密性を確保するセキュリティ対策のひとつは，**アクセス制御**である。

イモヅル式解説

アクセス制御（**ア**）とは，ファイルの閲覧・編集・削除などのアクセスを許可するか拒否するかをコントロールすること，またはコントロールできる仕組みのことである。設問の部外秘とすべき電子ファイルの機密性〔➡Q125〕は，権限のある人のみが読むことができるという意味である。そのほかの選択肢もまとめて覚えよう。

タイムスタンプ（**イ**）	電子データが，ある日時に確かに存在していたこと，及びその日時以降に改ざんされていないことを証明する仕組み。
ディジタル署名（**ウ**）	公開鍵暗号方式〔➡Q234〕を使い，ディジタル文書の発信元が正当か，改ざんされていないかなどを証明する技術。
ホットスタンバイ（**エ**）〔➡Q163〕	予備機をいつでも動作可能な状態で待機させておき，障害発生時に直ちに切り替える方式。

DLPとIDS

DLP〈=Data Loss Prevention〉とは，情報システムにおいて秘密情報を判別し，情報漏えいにつながる操作に警告を発令したり，その操作を自動的に無効化させたりする仕組みのこと。また，IDS〈=Intrusion Detection System〉〔➡Q232〕は，サーバやネットワークを監視し，情報セキュリティポリシ〔➡Q215〕を侵害するような挙動を検知した場合に，管理者へ通知する仕組みである。

イモヅル復習問題 ➡Q234

正解 **ア**

セキュリティ

でる度★★★

Q236 **外部からの不正アクセスによるコンピュータに関する犯罪の疑いが生じた。そのとき，関係する機器やデータ，ログなどの収集及び分析を行い，法的な証拠性を明らかにするための手段や技術の総称はどれか。**

ア ディジタルサイネージ　　**イ** ディジタル署名
ウ ディジタルディバイド　　**エ** ディジタルフォレンジックス

サクッと正解

犯罪などに対する電子的な証拠は，**ディジタルフォレンジックス。**

イモヅル式解説

ディジタルフォレンジックス（エ）とは，コンピュータに関する犯罪や法的紛争の証拠を明らかにする技術。フォレンジックス（Forensics）は，犯罪捜査における「分析」や「鑑識」の意味。

ディジタルサイネージ （ア）〔➡Q081〕	交通機関，店頭，公共施設などの場所で，ネットワークに接続したディスプレイに文字や映像などの情報を表示する電子看板。
ディジタル署名 （イ）〔➡Q235〕	ディジタル文書の発信元が正当か，改ざんされていないかなどを証明する技術。
ディジタルディバイド （ウ）〔➡Q081〕	情報リテラシの有無やITの利用環境の相違などによって生じる社会的または経済的格差。

ちょっと深掘り　電子的な証拠に関する用語

コード署名	アプリケーションプログラムやデバイスドライバなどを安全に配布したり，それらが不正に改ざんされていないことを確認したりする仕組み。
電子透かし	画像などのディジタルコンテンツが，不正にコピーされて転売されたものであるかどうかを判別できるように付加された，目には見えないデータ。
耐タンパ性	データへの改ざん・解読・取出しなどの行為に対する耐性度合いやセキュリティレベルを表す用語。

正解　エ

でる度★★★

Q237

MDM（Mobile Device Management）の説明として，適切なものはどれか。

ア　業務に使用するモバイル端末で扱う業務上のデータや文書ファイルなどを統合的に管理すること

イ　従業員が所有する私物のモバイル端末を，会社の許可を得た上で持ち込み，業務で活用すること

ウ　犯罪捜査や法的紛争などにおいて，モバイル端末内の削除された通話履歴やファイルなどを復旧させ，証拠として保全すること

エ　モバイル端末の状況の監視，リモートロックや遠隔データ削除ができるエージェントソフトの導入などによって，企業システムの管理者による適切な端末管理を実現すること

サクッと正解

MDMとは，モバイル端末の適切な管理を実現する仕組み。

イモヅル式解説

MDM〈=Mobile Device Management〉とは，モバイル端末の状況の監視，リモートロックや遠隔データ削除ができる**エージェントソフト**の導入などによって，企業システムの管理者による適切な端末管理を実現すること（**エ**）。

- MDMは，データなどを統合的に管理すること（**ア**）ではない。
- 従業員の私物の端末を，会社の許可を得た上で持ち込み，業務で活用する（**イ**）のは，**BYOD**〈=Bring Your Own Device〉〔➡**Q071**〕である。
- 犯罪捜査や法的紛争などにおいて，モバイル端末内の削除された通話履歴やファイルなどを復旧させ，証拠として保全する（**ウ**）のは，**ディジタルフォレンジックス**〔➡**Q236**〕である。

ちょっと深掘り　シンクライアント

クライアントサーバシステムにおいて，クライアントには必要最低限の機能しかもたせず，サーバでアプリケーションやデータを集中管理するシステム。

イモヅル復習問題 ➡ **Q071**

正解　**エ**

索引

英数字

あ行

か行

さ行

た行

な行

は行

著者

石川 敢也（いしかわ かんや）

神奈川工科大学講師。資格試験対策やデジタルマーケティングなどの科目を担当。情報処理の学習を応援するWebサイト「ラクパス（rakupass.com）」主宰。著書に『イモヅル式 基本情報技術者午前 コンパクト演習』（インプレス），『イモヅル式 応用情報技術者午前 コンパクト演習』（インプレス），『iパスクイズ222』（翔泳社），共著『情報セキュリティマネジメント 要点整理＆予想問題集』（翔泳社）などがある。

STAFF

編集	秋山智（株式会社エディポック） 飯田明（株式会社インプレス）
制作	株式会社エディポック
本文イラスト	さややん。
表紙イラスト	ひらのんさ
本文デザイン	有限会社ケイズプロダクション
表紙デザイン	有限会社ケイズプロダクション
編集長	玉巻秀雄

■商品に関する問い合わせ先

このたびは弊社商品をご購入いただきありがとうございます。本書の内容などに関するお問い合わせは、下記のURLまたは二次元バーコードにある問い合わせフォームからお送りください。

https://book.impress.co.jp/info/

上記フォームがご利用いただけない場合のメールでの問い合わせ先
info@impress.co.jp

※お問い合わせの際は、書名、ISBN、お名前、お電話番号、メールアドレス に加えて、「該当するページ」と「具体的なご質問内容」「お使いの動作環境」を必ずご明記ください。なお、本書の範囲を超えるご質問にはお答えできないのでご了承ください。

- 電話やFAX でのご質問には対応しておりません。また、封書でのお問い合わせは回答までに日数をいただく場合があります。あらかじめご了承ください。
- インプレスブックスの本書情報ページ　https://book.impress.co.jp/books/1122101129 では、本書のサポート情報や正誤表・訂正情報などを提供しています。あわせてご確認ください。
- 本書の奥付に記載されている初版発行日から5年が経過した場合、もしくは本書で紹介している製品やサービスについて提供会社によるサポートが終了した場合はご質問にお答えできない場合があります。

■落丁・乱丁本などの問い合わせ先

FAX　03-6837-5023
service@impress.co.jp
※古書店で購入された商品はお取り替えできません。

イモヅル式 ITパスポート コンパクト演習［第2版］

2023年　3月21日　初版発行
2023年　10月11日　第1版第2刷発行

著　者　石川敢也

発行人　小川 亨

編集人　高橋隆志

発行所　株式会社インプレス
〒101-0051 東京都千代田区神田神保町一丁目105番地
ホームページ　https://book.impress.co.jp/

印刷所　日経印刷株式会社

ISBN978-4-295-01623-6 C3055

Printed in Japan